发型师专业盘发造型图解教程：

发包应用技法

（视频教学版）

石美芳　余珮雅　陈俊中　著

人民邮电出版社

北　京

内 容 提 要

　　专业的发型师需要有过硬的专业发型设计技术，本书是针对专业发型师的发型设计完全图解教程，书中通过对鱼骨辫、多股辫、扭转辫、电卷棒等基础手法的详细介绍，让读者在掌握基础技术的之后，进一步展开发型设计的学习，本书专门针对盘发技术中的发包应用技术，详细图解介绍了27款使用发包的盘发造型，造型风格各异，包括典雅、复古、简约等风格应用在新娘、晚宴在内的各种场合。

　　本书适合发型师、新娘造型师、美发学校师生阅读。

Contents 目录

Chapter 1

第一章　发型基本功

鱼骨编

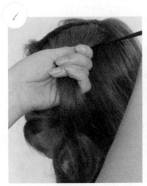

用尖尾梳尾端挑出一片宽约1厘米的发片。

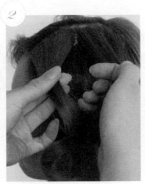

将发片平均分成两股。

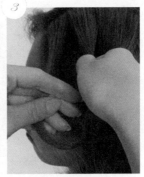

从左边最外侧的发片挑出约发片宽度1/2的发片。

将步骤3挑出的发片往内交叠，并与右边的发片结合。

从右边最外侧的发片挑出约发片宽度1/2的发片，往内交叠后，与左边的发片结合。

以上步骤3~5动作重复交叠，编至发尾，用尖尾梳倒梳发尾收尾。

 # 鱼骨加单编

用尖尾梳尾端挑出一片宽约1厘米的发片。

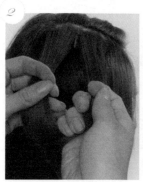
将发片平均分成两半。

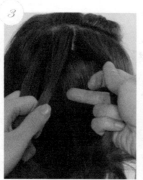
从左边最外侧的发片挑出约发片宽度1/2的发片。

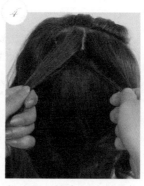
将步骤3挑出的发片往内交叠，并与右边的发片结合。

再从右边最外侧的发片挑出约发片宽度1/2的发片，往内交叠后，与左边的发片结合。

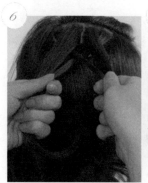
呈现图中的发型。

开始进行鱼骨加单编。

从发际线取出宽约1厘米的发片，并加入右侧发片，重复步骤2~8，编至发尾。

用尖尾梳倒梳发尾收尾。

鱼骨加双编

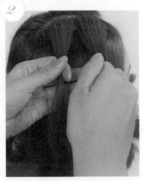

① 用尖尾梳尾端挑出一片宽约1厘米的发片。

② 将发片平均分成两半。

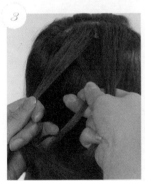

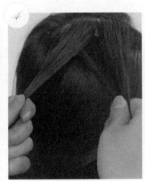

③ 从左边最外侧的发片挑出约发片1/2宽度的发片。

④ 将步骤3挑出的发片往内交叠，与右边的发片结合。

⑤ 将右边最外侧的发片挑出约发片1/2宽度的发片往内交叠，与左边的发片结合。

⑥ 从左边取出宽约1厘米的发片，开始进行鱼骨加双编，重复步骤2~5。

⑦ 呈现图中的发型。

⑧ 从发际线取出宽约1厘米的发片，并加入右侧发片。

⑨ 重复前面步骤，两股加编编至发尾。

⑩ 用尖尾梳倒梳发尾收尾。

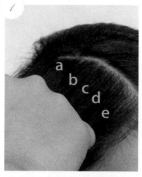

分出一区厚1厘米的发片，将发片分成五股。

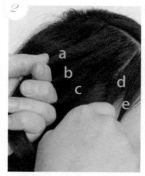

左手手心往上，抓住a、b、c发片，右手往下抓住d、e发片。

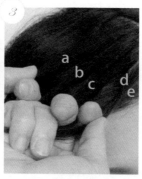

用右手往外扭转d、e发片。

d在外上，e在内下。

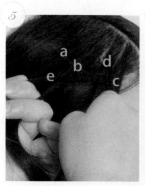

以一上一下原理交错发片，c在e下。

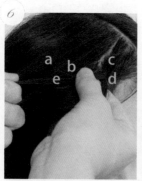

用右手控制c、d、e。

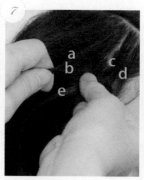

用左手食指、中指控制a、b，往外扭转。

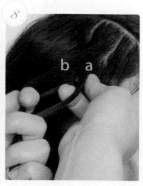

发片b在上，a在下。

a发片与e发片在中间交错。

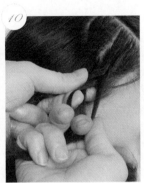

以此类推，运用一上一下原理，上下交错发片。

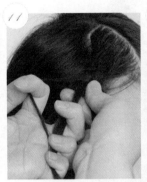

每次以反编手势扭转发片，并在中间交错。

先将左上发片往上拉，再加单边发片。

加完发片后，再将发片放下来。

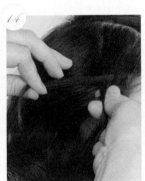

以拇指、食指、中指控制左边发片。

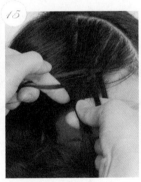

左右手都以拇指、食指、中指编织。

右手以反编手势往中间交错。

准备将编完的发片做结尾。

倒梳编完的发片。

五股加双编

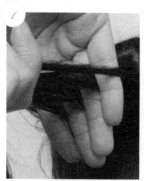

先将发片分成五股。

左手手心往上抓住a、b、c发片，右手往下抓住d、e发片。

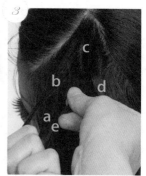

用右手往外扭转d、e发片，d在外上，e在内下。

以一上一下原理交错发片，c在e下。

先将左上发片往上拉，再加单边发片。

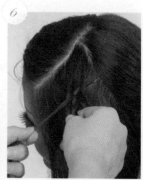

加完发片后，再将发片放下来。

用拇指、食指、中指控制
左边发片，先将右上发片
往上拉，再加单边发片。

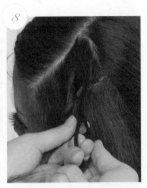

将发片以反编手势往中间
交错。

将加完的发片以一上一下
原理往中间交错。

用拇指、食指、中指掌控
左边发片，先将右上发片
往上拉，再加单边发片。

用拇指、食指、中指掌控
右边发片，先将左上发片
往上拉，再加单边发片。

将往上拉的发片放至最外
侧的位置。

准备将编完的发片做结
尾。

倒梳编完的发片。

先区分出预备编梳的发片，抹上发蜡。

从右边发束开始编织。

以最右侧 a 发束在下，第二束在上，第三束在下。

以一上一下的原理，慢慢编织至尾端。

以小 P 夹固定步骤 3 的 a 发片。

以一上一下的原理慢慢收编至尾端。

将 b 发片与前一束 a 发片上下交错，并以小 P 夹固定 b 发片。

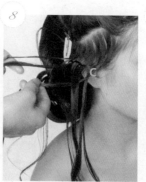

将 c 发片与前一束 b 发片上下交错。

以一上一下的原理慢慢收编至最后，成型效果如篮编。

单股扭转

用尖尾梳尾端挑出一片宽约1厘米的发片。

左手控制发片发尾，右手用尖尾梳尾端抵住发片内侧，往内扭转。

右手控制尖尾梳尾端，左手单股扭转。

用发夹回向式夹法固定。

先取出两颗乒乓球大小的慕斯。

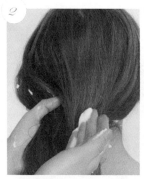

将慕斯均匀涂抹在发中至发尾，可增加发卷的持久度。

分出一区长2厘米、宽1厘米的发片，用尖尾梳梳顺发流，再让发片与头皮呈90°角，直立电棒夹住发片。

由发中顺滑带至发尾，此动作能使发片光滑。

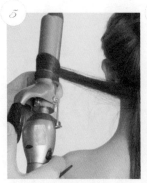

电棒由发尾处往内卷入。

卷至发根增加根部蓬度，但电棒切勿碰到头皮。

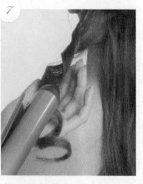

将电棒轻轻松开，即完成卷度。

电热卷

从前头部分拉出一区长、宽小于电热卷大小的发片，梳顺发片发流后，再将电热卷放置于发尾处。

平均分散发量，将发尾往内卷入。

使用尖尾梳梳理尾端，整理过短的头发。

将电热卷卷至头皮处时，用发卷夹暂时固定。

电热卷呈现——侧面。

电热卷呈现——后面。

电热卷呈现——侧面。

Chapter 2

第二章　盘头造型设计

扫一扫，看同步视频

后圆弧发髻

❀ 材料与工具

A. 长条圆弧形发包
B. 椭圆形发包
C. 饰品
D. 发夹
E. 橡皮筋
F. 发网
G. 鸭嘴夹
H. 尖尾梳（细）
I. 尖尾梳（粗）
J. 刮刷
K. 亮油
L. 定型液
M. 纹路泡沫（慕斯）
N. 中型U形夹
O. 小型U形夹
P. 发蜡

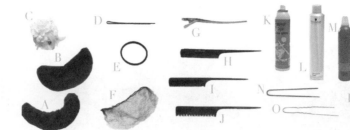

❀ 分区图

前

后

左

右

❀ 步骤说明

使用缝针式发夹固定头法。

发夹从左右往中心方向夹，成一弧形。

取长条圆弧形发包 A。

固定弧形发包两侧。

固定弧形发包每个边缘。

拉起弧形发包外侧的发片。

将发片平均分散，并往上梳顺。

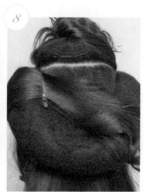
用鸭嘴夹暂时固定尾端。

结合每个接缝处的发片。

用鸭嘴夹暂时固定每个接缝处。

将耳侧边的发片往前摊开梳顺。

距离 30 厘米处，往前喷上亮油。

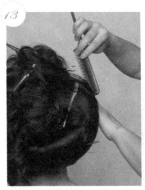
梳顺前侧边的发片。

逐步取下鸭嘴夹，改用发夹固定。

完整梳顺后，用定型液固定。

取下头发上的鸭嘴夹。

距离发根 10 厘米处开始倒梳。

平均倒梳每束发片。

将倒梳完的发束往上调整。

用 U 形夹固定发束。

21

用左手调整发型，并喷上定型液固定。

22

往上拉起头顶区的发片。

23

将发片往脸部正前方梳顺。

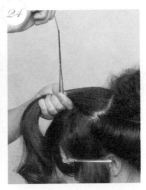

24

逆时针绕三圈，穿过橡皮筋后，再顺时针绕三圈，将发夹往内侧固定。

25

取椭圆形发包 B。

26

用发夹固定椭圆形发包的每个边缘。

27

将前段发片往上抬。

28

将发片往椭圆形发包两边平均摊开。

29

距离 30 厘米处，往前喷上亮油。

30

梳顺表面头发。

31

暂时用鸭嘴夹固定发片尾端。

32

调整完表面轮廓线后，再用发夹固定。

往上拉起倒梳的头发，用U形夹固定，并与每个边缘连接。

距离30厘米处，往前喷上定型液。

往后梳顺左侧边的头发。

用尖尾梳尾端抵住发片，并一个向上（外）单股扭转。

用发夹固定。

将单股扭转所留下的发尾发片倒梳，用U形夹固定边缘。

距离30厘米处，往前喷上定型液。

梳顺刘海，用尖尾梳尾端抵住发片，并做一往内卷的单股扭转。

将刘海平均摊开，用发蜡固定边缘后，再喷上定型液。

将饰品摆放在合适的位置，并用发夹固定。

鱼骨编

🌸 材料与工具

A. 圆弧形发包　　G. 尖尾梳（细）
B. 饰品　　　　　H. 亮油
C. 发夹　　　　　I. 定型液
D. 橡皮筋　　　　J. 纹路泡沫（慕斯）
E. 发网　　　　　K. 中型U形夹
F. 鸭嘴夹　　　　L. 发蜡

🌸 分区图

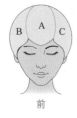　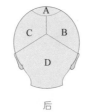　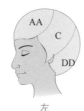　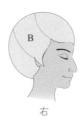

前　　　　　　后　　　　　　左　　　　　　右

🌸 步骤说明

1

梳顺发片的发流。

2

距离30厘米处，往前喷上
亮油。

3

从头前部挑出宽约1厘米
的发片，长度为左眉尾至
右眉峰，再平均分成左、
右两股进行鱼骨编。

4

从左边发片的最外侧挑出
约发片宽度1/2的发片。

5

将步骤4挑出的发片向内
交叠，进行加编。

6

从右边发片的最外侧挑出
约发片宽度1/2的发片，
向内交叠进行加编。

7

以上四个动作交叠后，呈
现如上图的编织线条。

8

将步骤3~6重复交叠后，
形成如上图的鱼骨编。

将鱼骨编编至发尾。

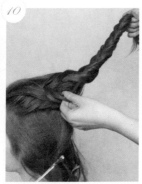

用指尖挑松每一节发辫。

挑松后的鱼骨编会更有层次。

将手伸入鱼骨编的底部，撑蓬发辫根部。

将发辫由右侧往前绕，再绕至左侧。

用发夹固定发辫。

从头前部挑出长约2厘米、宽约1厘米的发片，平均分成左、右两股进行鱼骨编。

继续进行鱼骨编。

将鱼骨编编至发尾，并预留5厘米的发尾。

倒梳发尾。

用指尖挑松鱼骨编的每一个弧度。

再次挑松。

21 将鱼骨编发尾往内收卷。

22 将鱼骨编固定在后头顶处。

23 将两组鱼骨编用 U 形夹结合缝隙。

24 拉直右侧头发，分出宽 1 厘米的发片，并梳顺发流。

25 距离 30 厘米处，往前喷上亮油。

26 进行鱼骨编交叠。

27 进行鱼骨编。

28 将鱼骨编编至发尾，并预留 1 厘米的发尾。

29 用指尖挑松每一个弧度。

30 倒梳发尾。

31 左边重复右边的动作。

32 往上拉起两边耳侧区的鱼骨编，并用鸭嘴夹暂时固定。

33 往上拉起最后一区的发束。

34 用发蜡均匀涂抹发际边缘，收理细毛。

35 梳顺发流。

36 将发夹套住橡皮筋，逆时针方向绕三圈，穿过橡皮筋后，再以顺时针的方向绕发束三圈固定。

37 固定好发束后，将发夹藏在发束里。

38 往上拉起发束。

39 将圆弧形发包摆放在后下方合适的位置。

40 用发夹固定发包的底座。

41 拉发片，使其平均覆盖整个发包。

42 梳顺发片，并使其服帖整个发包。

43 距离30厘米处，往前喷上亮油。

44 将发片发流梳顺。

45 距离30厘米处，往前喷上定型液。

46 将覆盖发包的发片收尾，剩余的发束平均分成两股。

47 以两股扭转收尾。

48 将两股扭转由下往上绕，服帖发包。

49 用发夹固定。

50 放下用鸭嘴夹暂时固定的两条耳侧区鱼骨编。

51 先将左侧的鱼骨编往内拉。

52 将发尾往内卷。

53 将鱼骨编放在适当的位置，用发夹固定。

54 再将右边的鱼骨编往内拉，发尾往内卷。

55 放在适当的位置，并用发夹固定。

56 将饰品摆放在合适的位置。

白纱造型

❀ 材料与工具

A. 圆弧形发包　　G. 尖尾梳（粗）
B. 饰品　　　　　H. 亮油
C. 饰品　　　　　I. 定型液
D. 发夹　　　　　J. 纹路泡沫（慕斯）
E. 鸭嘴夹　　　　K. 中型U形夹
F. 尖尾梳（细）　L. 小型U形夹

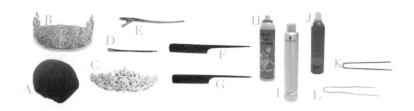

❀ 分区图

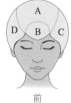
前

后

左

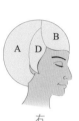
右

❀ 步骤说明

将后部区分成左右各半。

将圆弧形发包 A 放置于分线处。

用发夹固定发包的每个边。

将顶部分成前后相同的发片。

先预留一束后区宽约1厘米的发片，再细分出宽1厘米的发束，进行倒梳。

从顶部的发根处开始倒梳，将刮刷以抬高90°的平均力度由上往下压，从发根慢慢倒梳至发尾，手肘呈自然律动的节奏感。

将预留的发片完全覆盖倒梳后的发片，进行包覆。

将发片发流梳顺。

距离 30 厘米处，往前喷上定型液。

将发尾单股扭转，发片须往同一个方向转。

用发夹固定。

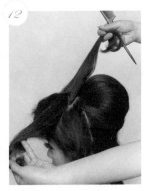

将刘海分成前后各半。

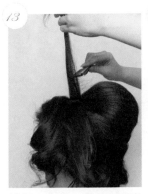

挑起一束长、宽约 1 厘米的发束，进行内层刮蓬。

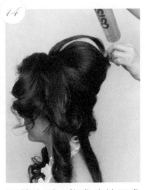

顺着头型，将发片放置发包上，增加线条感。

重复步骤 14。

将左耳侧区的发束分成前后各半。

后侧区的发束重复步骤 14。

用小 U 形夹将线条固定在发包上。

将前侧区线条拉定位后，用小 U 形夹固定。

将右耳侧区的发束分成前后各半。

21 后侧区的发束重复步骤14，拉线条覆盖住发包。

22 将前侧区线条拉定位后，用U形夹固定。

23 将拉线条的发尾喷上亮油增添光泽。

24 将发尾绕成C形收尾。

25 用发夹固定发尾。

26 距离30厘米处，往前喷上亮油后，再将表面梳整一次。

27 将最后一区的发片分成两半。

28 两股交叠。

29 将两股编编至发尾。

30 发尾以顺时针方向往上绕。

31 拉松两侧发片。

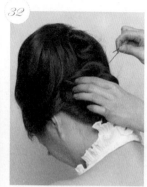

32 用发夹固定每个边。

将刘海分出右7左3的等分。

将右刘海梳成弧形，须服帖头型。

用发夹固定。

从刘海侧端拉出一些线条。

用定型液固定。

将左刘海拉出线条。

使用定型液。

将饰品摆放在适当位置。

将饰品摆放在适当位置，并用发夹固定。

局部十字编

材料与工具

A. 三角形发包　　　I. 尖尾梳（粗）
B. 长条圆弧形发包　J. 亮油
C. 前后饰品　　　　K. 定型液
D. 发夹　　　　　　L. 纹路泡沫（慕斯）
E. 橡皮筋　　　　　M. 中型U形夹
F. 发网　　　　　　N. 小型U形夹
G. 鸭嘴夹　　　　　O. 小P夹
H. 尖尾梳（细）

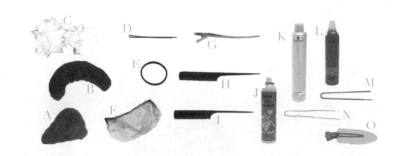

分区图

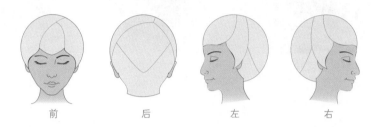

前　　　　　后　　　　　左　　　　　右

步骤说明

1 将后头部三角发片往顶部区域集中。

2 完全梳顺所有发片。

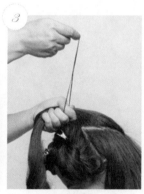

3 将两根橡皮筋回流拉紧，并穿过发夹。

4 逆时针绕三圈，穿过橡皮筋后，再顺时针绕三圈，将发夹藏在固定的发束下。

5 选择三角形发包，放置于后头部底盘。

6 用发夹固定三角形发包的每个边缘。

7 拉起左侧区发片。

8 将发片平均摊开，喷上亮油后梳顺发片，并完全覆盖左半区的发包。

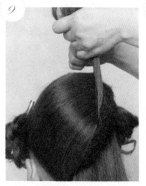

用尖尾梳尾端抵住预备扭转的发片。

用发夹固定单股扭转。

抬起右半边的发片，喷上亮油后梳顺。

用尖尾梳尾端抵住预备扭转的发片。

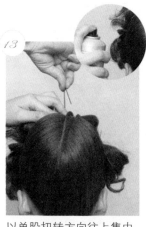

以单股扭转方向往上集中，并用发夹固定单股扭转的尾端。距离30厘米处，往前喷上定型液固定。

拉起顶部区已经夹好的三束发片。

用尖尾梳尾端拉长发片。再以用鸭嘴夹暂时固定发片内侧及外侧。

将发片拉出S线条收尾，再用手指拉高发片后，以U形夹撑住发尾C线条。

用U形夹固定C线条的转弯处。距离30厘米处，往前喷上定型液。

梳顺前侧区的头发。

将两根橡皮筋回流拉紧，并穿过发夹。

逆时针绕三圈，穿过橡皮筋后，再顺时针绕三圈，将发夹藏在固定的发束下。

取长条形发包，放于头顶区。

用发夹将长条形发包每个边固定好。

拉起前区发片。

将发片往两边平均分散。

用尖尾梳往后梳顺每个面。

距离30厘米处，往前喷上亮油。

用鸭嘴夹固定发包后方，并将发尾往上梳成C线条，再向内卷。

取出鸭嘴夹。

用U形夹固定边缘。

取出鸭嘴夹，用发夹固定发包内侧。

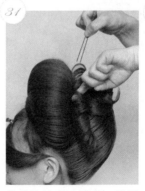

将发片拉成C线条，并用U形夹固定。

将前侧区的刘海往前梳。

以十字编方式设计前刘海。

将发片分成多束，用一上一下的顺序编织。

从左侧慢慢编织至右侧，并暂时以小 P 夹固定最后一束发片。

再从左侧慢慢收编至右侧，并与前一束结尾发片交错。

编织过程中随时调整发束间距，并注意上下是否排列整齐。

每一次开头的排列口诀："上在下，下在上。"

将所有发片慢慢收编、交错至最后一束。

随时调整编织轮廓线所形成的刘海弧度，尾端以发尾 C 线条来呈现脸颊处轮廓线。

用发夹固定，距离 30 厘米处喷上定型液。

将饰品摆放在合适的位置。

以略小的饰品陪衬头后部。

复古卷发

材料与工具

A. 椭圆形发包　　H. 鸭嘴夹
B. 圆弧形发包　　I. 尖尾梳（细）
C. 饰品　　　　　J. 亮油
D. 饰品　　　　　K. 定型液
E. 发夹　　　　　L. 纹路泡沫（慕斯）
F. 橡皮筋　　　　M. 小P夹
G. 发网

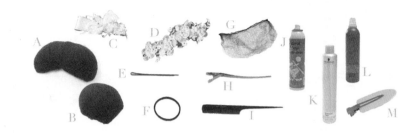

分区图

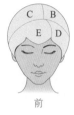

前

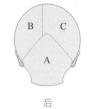

后

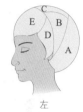

左

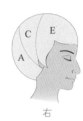

右

步骤说明

梳顺发片发流。

将发夹套住橡皮筋，逆时针方向绕三圈，穿过橡皮筋后，再以顺时针方向绕发束三圈固定。

固定好发束后，将发夹藏在发束里。

取椭圆形发包。

用发夹固定椭圆形发包A的每个边。

取圆弧形发包B，叠至长弧形发包上方。

用发夹固定发包B与发包A结合。

以左边发片覆盖住一半的发包，并将正面每个面向的发片以放射状方向梳顺。

40

距离 30 厘米处，喷上亮油梳顺。

梳顺头发发流。

将发束扭转固定。

用发夹固定。

距离 30 厘米处，喷上亮油梳顺。

右边重复步骤 8，并使右边与左边发片相互结合。

将发束扭转固定。

用发夹固定。

从发尾挑出宽 1 厘米的发片。

用右手抵住尖尾梳尾端，左手往内卷成一个空心卷。

用发夹回向式夹法固定。

将过长的发尾再往内卷成空心卷。

用发夹回向式夹法固定。

将尾端收顺，并喷上定型液定型。

距离 30 厘米喷上亮油。

用右手抵住尖尾梳尾端，左手往内卷成一个空心卷。

用发夹回向式夹法固定。

将发片往内卷成一个空心卷。

用发夹回向式夹法固定。

将过长的发尾再向内卷成空心卷。

用发夹回向式夹法固定。

将发片发流梳顺。

距离 30 厘米处，往前喷上亮油梳顺。

右手抵住尖尾梳尾端，左手往上扭转。

使用发夹固定。

右手抵住尖尾梳尾端，左手往内卷成一个空心卷。

用发夹回向式夹法固定。

将过长发尾收顺。

用定型液定型。

距离30厘米处，往前喷上亮油梳顺。

梳顺刘海发流。

用小P夹固定刘海弧度。

右手抵住尖尾梳尾端，左手往上扭转，用发夹回向式夹法固定。

将发尾喷上亮油。

右手抵住尖尾梳尾端，左手往内卷成一个空心卷。

用发夹回向式夹法固定。

将过长的发尾再往内卷成空心卷。

用发夹回向式夹法固定。

用定型液固定整个发型。

取下小 P 夹。

将饰品摆放在合适的位置。

用发夹固定。

将另一个饰品摆放在合适的位置。

新娘发型

❀ 材料与工具

A. 长条圆弧形发包　　G. 尖尾梳（细）
B. 饰品　　　　　　　H. 尖尾梳（粗）
C. 发夹　　　　　　　I. 亮油
D. 橡皮筋　　　　　　J. 定型液
E. 发网　　　　　　　K. 纹路泡沫（慕斯）
F. 鸭嘴夹

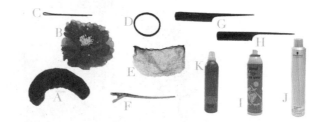

❀ 分区图

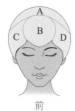　　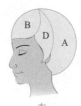　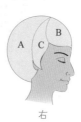

　　前　　　　　　　后　　　　　　　左　　　　　　　右

❀ 步骤说明

梳顺发束。

将发夹套住橡皮筋，逆时针方向绕三圈，穿过橡皮筋后再以顺时针方向绕发束三圈固定。

固定好发束后，将发夹藏在发束里。

取长条圆弧形发包。

用发夹固定长条圆弧形发包的每个边。

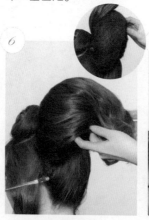

将发片往中间集中，并平均分散每个发片。

将正面每个面向的发片以放射状方向梳顺。

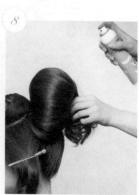

距离30厘米处，往前喷上亮油梳顺。

⑨

用食指及中指夹好发片。

⑩

两股扭转收尾。

⑪

用发夹固定尾端。

⑫

挑起宽约1厘米的发片。

⑬

距离30厘米处，往前喷上亮油梳顺。

⑭

梳顺发片发流。

⑮

拉起发片，角度呈90°。

⑯

右手控制尖尾梳尾端，左手往内卷成一个空心卷。

⑰

用发夹固定发片。

⑱

右手控制尖尾梳尾端，左手往内卷成一个空心卷，再用发夹固定发片。

⑲

右手控制尖尾梳尾端，左手往内卷成一个空心卷。

⑳

用发夹固定发片。

21

右手控制尖尾梳尾端，左手往内卷成一个空心卷，以发夹固定。

22

挑起厚约1厘米的发片。

23

距离30厘米处，往前喷上亮油梳顺。

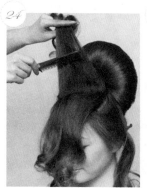

24

梳顺发片。

25

右手控制尖尾梳尾端，放置于发片上方。

26

用左手往内卷一个空心卷。

27

用发夹固定发片。

28

右手控制尖尾梳尾端，左手往内卷成一个空心卷。

29

用发夹固定发片。

30

将发尾卷度拉成C线条。

31

梳顺前侧刘海。

距离 30 厘米处，往前喷上亮油梳顺。

用尖尾梳尾端抵住预备扭转的发片。

用发夹固定。

梳顺发片发流。

距离 30 厘米处，喷上亮油及梳顺。

以尖尾梳尾端，将发片往前单股扭转。

用发夹固定。

将发尾收成 C 线条。

用发夹固定尾端。

将饰品摆放在合适的位置。

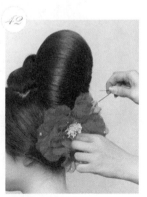

用发夹固定。

晚宴浪漫卷发

❀ 材料与工具

A. 椭圆形发包
B. 圆弧形发包
C. 饰品
D. 发夹
E. 橡皮筋
F. 发网
G. 鸭嘴夹
H. 尖尾梳（细）

I. 尖尾梳（粗）
J. 亮油
K. 定型液
L. 纹路泡沫（慕斯）
M. 大型U形夹
N. 中型U形夹
O. 小型U形夹
P. 小P夹

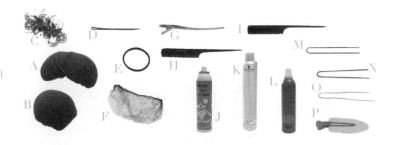

❀ 分区图

前

后

左

右

❀ 步骤说明

1

取后头部下方发片，用尖尾梳梳顺发片。

2

将两根橡皮筋回流拉紧，并穿过发夹。

3

用橡皮筋束住发片，逆时针绕三圈穿过发夹。

4

再顺时针绕三圈后，将发夹藏在固定的发束下。

5

取椭圆形发包A，置于后颈区的位置。

6

用发夹固定椭圆形发包每个边缘。

7

取圆弧形发包B，置于椭圆形发包的上方，并以发夹固定两个发包的中间。

8

用发夹固定圆弧形发包的四个边。

用尖尾梳完全梳顺左上区发片。

距离30厘米处，喷上亮油。

用尖尾梳尾端抵住预备扭转的发片。

单股扭转往上卷。

用发夹固定。

距离30厘米处，喷上定型液。

取右侧边的发片，以鸭嘴夹暂时固定耳前方的发片。

梳顺右侧区发片后，再与中间头发结合，使其看不出界线。

在表面喷上亮油。

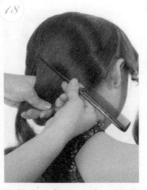

再将发片梳顺一次，使用尖尾梳尾端抵住预备扭转的发片。

单股扭转往上卷。

⑳ 卷紧单股扭转的尾端。

㉑ 用 U 形夹暂时固定边缘发线。

㉒ 用发夹夹紧单股扭转。

㉓ 将发片继续往下单股扭转，并用发夹固定。

㉔ 距离 30 厘米处，往前喷上定型液。

㉕ 将发片的发尾梳成空心卷。

㉖ 用发夹双向固定空心卷的内层。

㉗ 再取一束发片，梳成较大的空心卷。

㉘ 用发夹固定空心卷的内侧，并用 U 形夹固定 C 形线条。

㉙ 距离 30 厘米处，往前喷上定型液。

㉚ 将右后区的发片继续梳成空心卷。

㉛ 用发夹双向固定空心卷的内层。

注意正面脸型轮廓线，空心卷摆放在正面视觉看得到的位置。

用发夹双向固定空心卷的内层。

喷上亮油后，再一次调整发尾C形线条。

往后梳顺左前方的发片，并用尖尾梳尾端抵住预备扭转的发片。

单股扭转往上卷。

使用发夹固定单股扭转的尾端，扭转的上方用U形夹暂时固定。

将发尾发片梳成空心卷，注意模特儿的脸型，摆放在合适的位置。

拉松梳好的发片，调整出适合模特儿脸型的弧度。

在右前方发片喷上亮油，往后梳顺。

用尖尾梳尾端抵住发片往后扭转。

用发夹固定单股扭转。

将发片梳成空心卷。

用发夹固定空心卷内层。

运用头发本身的卷度拉宽发片，并依照发型轮廓线叠放在合适的位置。

将发尾本身卷度拉成C形线条，呈现宽松自然的发线。

将刘海梳成S形线条，并用鸭嘴夹先固定每个S形线条的转弯处。

距离30厘米处，往前喷上定型液。

将发尾梳成绕圈的C形线条，并用小P夹暂时固定尾处。

用U形夹固定S形线条的边缘。

距离30厘米处，往前喷上定型液。

待定型液干后，取下鸭嘴夹。

将饰品佩戴在合适的位置。

用发夹固定每个边缘。

半圆发髻

✿ 材料与工具

A. 头饰
B. 头饰
C. 头饰
D. 三角形发包
E. 长条圆弧形发包
F. 发夹
G. 橡皮筋
H. 发网

I. 鸭嘴夹
J. 尖尾梳（细）
K. 尖尾梳（粗）
L. 亮油
M. 定型液
N. 纹路泡沫（慕斯）
O. 中型U形夹
P. 小型U形夹

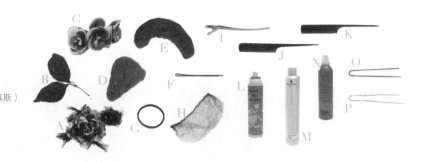

✿ 分区图

前

后

左

右

✿ 步骤说明

先将分区发片绑成发束，并取一个圆弧形发包。

将圆弧形发包塑型成圆形，再以发夹固定每个边。

拉起发束。

平均分散、拉开前面发片，并往后梳顺，使其包覆发包。

用尖尾梳尾端调整发包边缘线。

用尖尾梳尾端固定发片。

扭转发包的发尾。

用尖尾梳梳顺发包上方的发片。

57

用尖尾梳尾端调整发包的
弧度。

用发夹固定发包发尾。

取三角形发包，摆放在合
适的位置。

调整三角形发包的位置，
并以发夹牢牢固定发包的
周围。

拉起后头部的发束，再将
发片分散，并用尖尾梳梳
顺，喷上亮油。

将发尾发片集中，并用尖
尾梳尾端抵住发片。

单股扭转发片，并用发夹
固定。

用U形夹固定第二个发包
的边缘线。

用尖尾梳往上90°梳顺左
边发片。

用尖尾梳尾端抵住右边发
片后，做单股扭转。

将发尾梳成空心卷，并用
小P夹固定。

20 喷上定型液，固定整个后头部的发型。

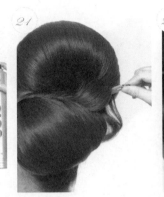

21 取下小 P 夹。

22 改用 U 形夹固定发片。

23 用尖尾梳梳顺刘海发流。

24 用食指及中指夹住发片，并用尖尾梳尾端抵住预备扭转的发片。

25 扭转被尖尾梳尾端抵住的发片，并用发夹固定。

26 将发尾分成三面固定。

27 喷上定型液，固定整个发型。

28 在耳侧边缘放上头饰。

29 用发夹固定头饰。

30 在后头部放上饰品，并用发夹固定饰品。

高圆弧发髻

材料与工具

A. 长条圆弧形发包
B. 椭圆形发包
C. 饰品
D. 饰品
E. 发夹
F. 橡皮筋
G. 发网

H. 鸭嘴夹
I. 尖尾梳（细）
J. 尖尾梳（粗）
K. 亮油
L. 定型液
M. 纹路泡沫（慕斯）
N. 大型U形夹

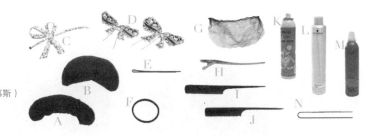

分区图

前

后

左

右

步骤说明

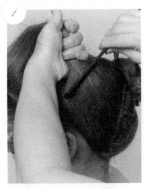

1

将左半边的头发集中梳顺。

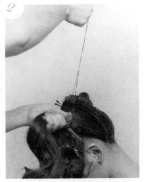

2

将两根橡皮筋回流拉紧并穿过发夹，逆时针绕三圈后穿过发夹。

3

再顺时针绕三圈后，将发夹藏在固定的发束下。

4

将右半边的头发集中梳顺，并将两根橡皮筋回流拉紧，穿过发夹。

5

逆时针绕三圈，穿过橡皮筋后，再顺时针绕三圈，将发夹藏在固定的发束下。

6

取长条圆弧形发包A，固定在左上方位置。

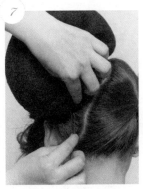

7

用发夹固定长条圆弧形发包的每个边缘。

8

拉起预先绑好的马尾。

将发片往两侧平均拉开。

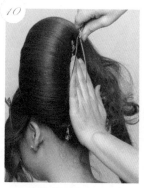

用尖尾梳梳顺头发，并以鸭嘴夹暂时固定。

喷上亮油后，用尖尾梳平均往后梳顺每个面。

取下鸭嘴夹，以左手掌暂时固定。

使用尖尾梳尾端抵住预备扭转的发片。

以单股扭转的方式往上卷。

将发尾梳成空心卷，用发夹固定。

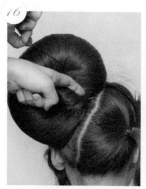

取下鸭嘴夹，用U形夹暂时固定边缘。

平均倒梳每束发片。

将倒梳完的发束往上调整。

用U形夹固定发束。

20

拉起右侧边的发束。

21

将发片往两侧平均拉开。

22

距离 30 厘米处喷上亮油。

23

用尖尾梳梳顺表面。

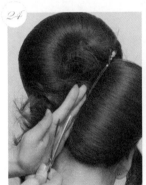

24

用鸭嘴夹暂时固定。

25

取下鸭嘴夹，用左手掌暂时固定发片。

26

用发夹固定。

27

以尖尾梳梳顺发尾，并喷上亮油。

28

用尖尾梳尾端将发片梳成空心卷。

29

将发片往两侧拉开。

30

用发夹固定尾端。

31

距离 30 厘米处，往前喷上定型液。

以尖尾梳梳顺前右侧发片。

距离30厘米处喷上亮油。

用尖尾梳尾端抵住预备扭转的发片。

单股扭转至耳后处，再以尖尾梳尾端抵住扭转发片。

用发夹固定扭转的上下。

将发片拉开，扭转拉成花形。

用发夹固定收尾。

梳顺左前方刘海。

以五股编织设计发型边缘轮廓线。

将发片分成五束。

以一上一下的顺序交错发片。

43 将发片编织至尾端。

44 拉松编好的发片。

45 以倒梳收尾。

46 向上盘绕编好的发片。

47 调整发型边缘轮廓线。

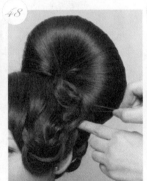

48 用发夹固定发片。

49 距离 30 厘米处，往前喷上定型液。

50 取合适的饰品放置于放射状的起始点。

51 用发夹固定饰品。

52 用合适的饰品点缀后头部。

圆拱发髻

✿ 材料与工具

A. 长条圆弧形发包　　I. 尖尾梳（粗）
B. 圆弧形发包　　　　J. 亮油
C. 饰品　　　　　　　K. 定型液
D. 发夹　　　　　　　L. 纹路泡沫（慕斯）
E. 橡皮筋　　　　　　M. 大型U形夹
F. 发网　　　　　　　N. 中型U形夹
G. 鸭嘴夹　　　　　　O. 小型U形夹
H. 尖尾梳（细）

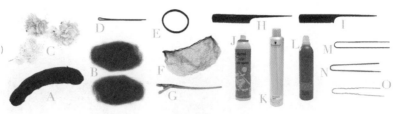

✿ 分区图

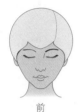　　　

前　　　　　后　　　　　左　　　　　右

✿ 步骤说明

1

先将后头部区域的发片集中在顶部黄金点的位置。

2

用尖尾梳梳顺发中及发尾的发流。

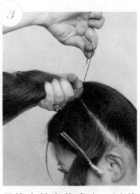

3

用橡皮筋套住发夹，以逆时针方向绕三圈，穿过橡皮筋后，再以顺时针绕三圈，并将发夹向内侧固定。

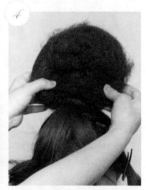

4

选择高耸的圆弧形发包B，摆放在马尾的上方。

5

发包左侧加上增加侧边缘弧度的小发包。

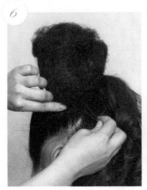

6

用发夹固定。

7

用发夹合并两个发包。

8

发包右侧加上增加侧边缘弧度的小发包，并注意两侧发包大小须一致，并以发夹固定。

拉起已经绑好的发片。

将发片往两侧平均分散梳顺。

先暂用鸭嘴夹固定尾端。

喷上亮油，再将表面梳顺。

用尖尾梳尾端抵住左半边预备扭转的发片，以单股扭转的方式收尾。

用尖尾梳尾端抵住右半边预备扭转的发片。

以单股扭转的方式收尾。

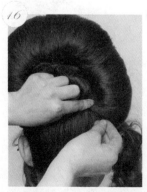

将边缘发片收紧，并以发夹固定，再喷上定型液定型。

以斜下45°朝耳侧方向梳顺刘海。

用尖尾梳尾端抵住预备扭转的发片。

以单股扭转往下卷的方式收尾。

以发夹固定单股扭转至后头部的发型。

发尾部分以空心卷收尾。

用U形夹调整、固定发片。

喷上定型液，固定后头部的发型。

用尖尾梳梳顺左侧区的头发。

用尖尾梳尾端抵住预备扭转的发片。

以单股往下扭转至后头部。

以发夹固定。

将发尾梳成C形发片。

用U形夹调整、固定发片。

以发夹固定饰品内侧。

最后将主要饰品摆放在合适的位置。

倒梳高发髻

❀ 材料与工具

A. 发夹
B. 鸭嘴夹
C. 尖尾梳（细）
D. 刮刷
E. 亮油
F. 定型液
G. 纹路泡沫（慕斯）

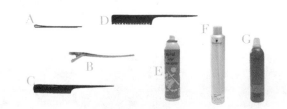

❀ 分区图

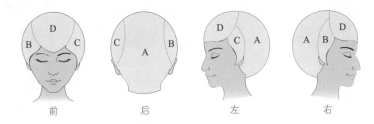

前　　　　后　　　　左　　　　右

❀ 步骤说明

将后面头发分成两半。

从左区内侧发根处开始倒梳，将刮刷以抬高90°的平均力道由上往下压，手肘呈现自然律动的节奏感，慢慢倒梳至发尾。

将未刮的发片完全覆盖刮好的发片。

距离30厘米处，往前喷上亮油梳顺。

梳顺发片，喷定型液定型。

右手控制尖尾梳尾端，左手往内单股扭转。

调整轮廓线。

用手按压住固定点，抽出尖尾梳。

用发夹固定发包与头皮的接合处。

从右区内侧发根处开始倒梳，将刮刷以抬高90°的平均力道由上往下压，手肘呈现自然律动的节奏感，慢慢倒梳至发尾。

将未刮的发片完全覆盖刮好的发片。

距离30厘米处，往前喷上亮油梳顺。

梳顺发流，并喷上定型液。

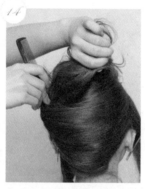

右手控制尖尾梳尾端，左手往内单股扭转。

用手按压住固定点，抽出尖尾梳。

用发夹固定。

将发包发流梳顺，并调整轮廓线。

用定型液固定。

用发夹固定发包与发包的接合处。

将发包的发尾分成约0.5厘米的发片，进行刮发。

将倒梳的头发往下压，形成根部扎实的蓬松感。

用定型液将刮好的头发定型。

将右耳侧的发束平均横分成三等份。

将第一等分再分成三片发片，进行三股单加编。

三股单加编往下纹路会比较明显，编至发束的一半长时，用发夹固定。

将倒梳的头发往下压，形成根部扎实的蓬松感。

将第二三等份分成三束发片，重复步骤24～26。

将编好的三股加编，顺着头型用发夹固定。

倒梳蓬发中至发尾。

用发夹固定刮好的发束。

喷上定型液固定。

32

将左耳侧的发束平均横分成三等份。

33

重复步骤 24 ~ 31。

34

将刘海斜分成上下两半。

35

上半刘海用尖尾梳尾端抵住发片，绕成 C 形。

36

拉出 C 形发片的线条。

37

用发夹固定。

38

刮蓬发尾。

39

拉出下半刘海的线条，增加刘海的立体度。

40

用发夹固定。

41

喷上定型液，定型整个发型。

宴会顶发髻编发拉花造型

✿ 材料与工具

A. 椭圆形发包　　J. 尖尾梳（细）
B. 饰品　　　　　K. 尖尾梳（粗）
C. 饰品　　　　　L. 亮油
D. 饰品　　　　　M. 定型液
E. 饰品　　　　　N. 纹路泡沫（慕斯）
F. 发夹　　　　　O. 大型U形夹
G. 橡皮筋　　　　P. 中型U形夹
H. 发网　　　　　Q. 小P夹
I. 鸭嘴夹　　　　R. 发蜡

✿ 分区图

前　　　　　　　后　　　　　　　左　　　　　　　右

✿ 步骤说明

往上拉起后头部发片。

用尖尾梳梳顺发根、发中、发尾。

将两根橡皮筋回流拉紧，并穿过发夹固定发束。

逆时针绕三圈，穿过橡皮筋后，再顺时针绕三圈，将发夹藏在固定的发束下。

取椭圆形发包A，放置于顶部区。

用发夹同时固定椭圆形发包左边与顶盘。

用发夹同时固定椭圆形发包右边及每个接缝点。

往上拉起发片。

9 将发片平均往两边摊开。

10 距离 30 厘米处，往前喷上亮油。

11 用尖尾梳梳顺表面。

12 用鸭嘴夹暂时固定发包后方，并喷上定型液定型。

13 取下鸭嘴夹。

14 用尖尾梳尾端抵住预备扭转的发片。

15 以单股扭转方向往下集中。

16 用发夹固定单股扭转。

17 将发尾发片向内卷，并用发夹固定。

18 距离 30 厘米处，喷上定型液固定。

19 将左边发片分成五股。

20 运用五股加单编的方式编织发束。

发际边缘涂上发蜡固定。

调整编织完的发片高度。

拉松编完的发片。

用尖尾梳倒梳发尾。

用发夹固定轮廓线。

用发夹固定收尾。

将右边发片分成五股。

运用五股加单编的方式编织。

调整编织完的发片高度。

拉松编完的发片。

使用尖尾梳倒梳发尾。

将编好的发片提高覆盖住分线，并用发夹固定。

33 将两边交叠，调整外围弧度。

34 用定型液固定。

35 用尖尾梳梳顺表面刘海。

36 用尖尾梳尾端抵住预备扭转的发片。

37 将发尾往上梳成空心卷，用发夹固定内侧，用小P夹固定刘海边缘。

38 距离30厘米处，往前喷上定型液。

39 将小皇冠放置于头顶中心。

40 将饰品放置于后头部。

41 用发夹固定。

42 放置增加高度的羽毛。

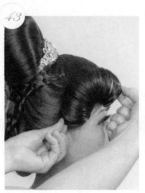

43 往两边拉松刘海空心卷。

44 使用发夹固定边缘。

羽毛配饰造型

✿ 材料与工具

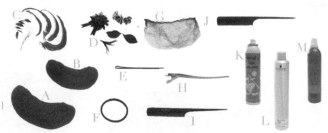

A. 长条圆弧形发包（大）　H. 鸭嘴夹
B. 长条圆弧形发包（小）　I. 尖尾梳（细）
C. 饰品　　　　　　　　　J. 尖尾梳（粗）
D. 饰品　　　　　　　　　K. 亮油
E. 发夹　　　　　　　　　L. 定型液
F. 橡皮筋　　　　　　　　M. 纹路泡沫（慕斯）
G. 发网

✿ 分区图

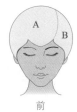

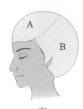
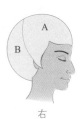

前　　　　　　　后　　　　　　　左　　　　　　　右

✿ 步骤说明

1

将前面的发片发流梳顺。

2

用发夹套住橡皮筋，再拉起橡皮筋，以逆时针绕三圈，穿过橡皮筋后，再以顺时针的方向绕发束。

3

固定好发束后，将发夹藏在发束里。

4

将固定好的发片往上拉。

5

取长条圆弧形发包（大），置于前面发片上。

6

用发夹固定长条圆弧形发包。

7

将前面发片往发包中间集中。

8

平均分散前面发片，使其包覆发包。

以放射状方向梳顺正面每个面向的发片。

用鸭嘴夹暂时固定每一片发片。

距离前面发型 30 厘米处，往前喷上亮油梳顺。

发尾做单股扭转，发片往同一个方向转。

用发夹固定前面发尾。

将前面发尾拉成 C 形线条收尾。

用发夹固定 C 形线条收尾处。

将左边发片的发流梳顺。

用发夹套住橡皮筋，再拉起橡皮筋，以逆时针方向绕三圈，穿过橡皮筋后，再以顺时针的方向绕发束。

固定好发束后，将发夹藏在发束里。

取长条圆弧形发包（小），置于左边发束上。

20

使用发夹固定发包。

21

将左边发片往发包中间集中。

22

平均分散左边发片，使其包覆发包。

23

以放射状方向梳顺正面每个面向的发片。

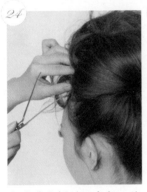

24

用鸭嘴夹暂时固定每一片发片。

25

距离左边发型30厘米处，往前喷上亮油梳顺。

26

预留一片左边发型前端宽1厘米的发片，并使用发夹固定。

27

在左边发型前端的发片上喷上亮油。

28

将左边发型前端的发片发尾拉成C形线条。

29

用U形夹固定C形线条。

30

将右边发片置于左手心内侧，并使用尖尾梳梳顺。

31

将右边发片往下卷成一个空心卷。

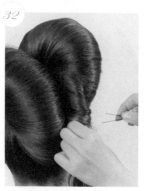

用发夹回向式夹法固定右边的空心卷。

将右边过长的头发卷成第二个空心卷。

用发夹固定右边空心卷尾端。

将第一个饰品摆放在适当的位置。

用发夹固定第一个饰品。

将第二个饰品摆放在适当的位置，并调整羽毛弧度。

用发夹固定第二个饰品。

将第三个饰品摆放在适当的位置，并调整花朵弧度。

用发夹固定第三个饰品。

编发髻

材料与工具

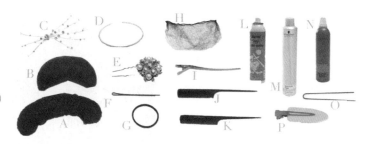

A. 长条圆弧形发包
B. 椭圆形发包
C. 饰品
D. 饰品
E. 饰品
F. 发夹
G. 橡皮筋
H. 发网

I. 鸭嘴夹
J. 尖尾梳（细）
K. 尖尾梳（粗）
L. 亮油
M. 定型液
N. 纹路泡沫（慕斯）
O. 中型U形夹
P. 小P夹

分区图

前　　　　　后　　　　　左　　　　　右

步骤说明

1

先拉起预备固定的发片。

2

将两根橡皮筋回流拉紧，并穿过发夹固定发束。

3

逆时针绕三圈，穿过橡皮筋后，再顺时针绕三圈，将发夹藏在固定的发束下。

4

取椭圆形发包B，摆放在底盘上。

5

用发夹夹紧椭圆形发包与底盘发丝。

6

拉起发束。

7

将发片平均往两边摊开。

8

喷上亮油后，用尖尾梳将表面梳顺。

用尖尾梳尾端抵住预备扭转的发片。

以单股扭转方式往下扭转。

用发夹固定单股扭转。

距离 30 厘米处往前喷上亮油，再梳整一次，并喷上定型液。

再以四股单加编的方式开始编发。

编发过程中随时调整发片的长度。

将最后一束发片做结尾。

调整边缘线的弧度。

用尖尾梳倒梳编完的发片尾端。

将编织好的发片往上拉，并用发夹固定发片。

将前头区的发片拉起集中，再将两根橡皮筋回流拉紧并穿过发夹固定发束。

逆时针绕三圈，穿过橡皮筋后，再顺时针绕三圈，将发夹藏在固定的发束下。

将长条圆弧形发包 A 固定于顶部。

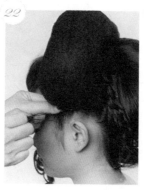

用发夹牢牢固定发包与底盘发丝。

拉起预备梳发的发束。

将发片平均往两边摊开。

以放射状方式由前往后梳顺发片，并以鸭嘴夹暂时固定发片尾端。

取下鸭嘴夹，以尖尾梳尾端抵住发片，单股扭转往下卷。

用发夹固定单股扭转的尾端。

将发尾梳成 C 形发片，并用 U 形夹固定。

以发蜡涂抹表层，并用尖尾梳梳顺。

用鸭嘴夹暂时固定距离头皮 5 厘米处的发丝。

用小 P 夹暂时固定内侧。

先将发片分成五束。

以五股扭转的方式开始加单编。

慢慢编织至尾端结尾。

拉松边缘发束，并调整发型的轮廓线，倒梳发尾。

将发尾、发片往上盘绕。

用发夹固定。

将饰品摆放在合适的位置，并用发夹固定。

将小饰物摆放在放射点的位置。

将弧形钻饰摆放在侧头部的位置作点缀。

后头部的结尾点摆上小饰品点缀。

不对称创意盘发

✿ 材料与工具

A. 椭圆形发包   J. 尖尾梳（细）
B. 椭圆形发包   K. 尖尾梳（粗）
C. 圆弧形发包   L. 定型液
D. 饰品   M. 纹路泡沫（慕斯）
E. 饰品   N. 大型U形夹
F. 发夹   O. 中型U形夹
G. 橡皮筋   P. 小型U形夹
H. 发网   Q. 发蜡
I. 鸭嘴夹

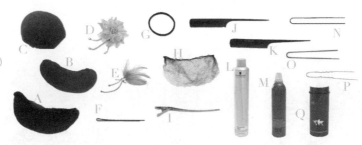

✿ 分区图

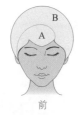 前    后   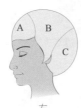 左   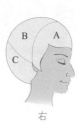 右

✿ 步骤说明

1 将发夹套住橡皮筋，并横放于发片下方，用左手抵住发片及发夹，右手控制橡皮筋，由右至左绕8字形。

2 取椭圆形发包A。

3 用发夹固定椭圆形发包的每个边。

4 将发片往中间集中。

5 平均分散每个发片。

6 以放射状方向梳顺正面每个面向的发片，并用鸭嘴夹固定。

7 距离30厘米处，往前喷上亮油梳顺。

8 将发尾单股扭转，将发片往同一个方向转，并以发夹固定。

梳顺发片发流。

将发夹套住橡皮筋，并拉住橡皮筋，以逆时针绕三圈，穿过橡皮筋后，再以顺时针的方向绕发束。

固定好发束后，将发夹藏在发束里。

将固定好的发片往前拉。

取椭圆形发包 B。

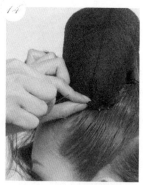

用发夹固定中长弧形发包的每个边。

将发片往中间集中。

平均分散每个发片。

以放射状方向梳顺正面每个面向的发片，并用鸭嘴夹暂时固定。

距离 30 厘米处，往前喷上亮油梳顺。

将发尾单股扭转，发片往同一个方向转，并用发夹固定。

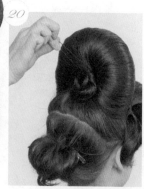

将一小段的发尾收成 C 形，并用 U 形夹固定。

21

将发片表面涂抹发蜡，收
理发髻边的小细毛。

22

梳顺发片发流。

23

将发夹套住橡皮筋，并拉
住橡皮筋，以逆时针方向
绕三圈，穿过橡皮筋后，
再以顺时针的方向绕发束。

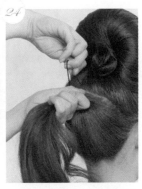

24

固定好发束后，将发夹藏
在发束里。

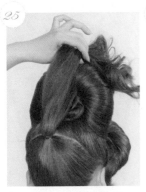

25

将固定好的发片往前拉。

26

取圆弧形发包 C。

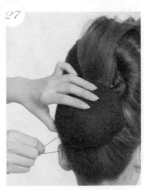

27

用发夹固定圆弧形发包的
每个边。

28

平均分散每个发片，覆盖
整个发包。

29

以放射状方向梳顺正面每
个面向的发片。

30

距离 30 厘米处，往前喷上
亮油梳顺。

31

左手握紧发尾，右手梳顺
发片。

32

将发尾朝同一个方向做单
股扭转。

33 用发夹回向式夹法固定。

34 喷上亮油，并抚平发尾的毛燥。

35 梳顺发尾发流，并将发片分成 0.5 厘米。

36 往内收成 C 形线条。

37 用中 U 形夹固定。

38 重复步骤 35 ~ 36。

39 用中 U 形夹固定。

40 重复步骤 35 ~ 40，并往发包延伸。

41 用中 U 形夹固定。

42 喷上定型液，干燥后将中 U 形夹换成小 U 形夹。

43 将饰品摆放在合适的位置。

44 将饰品摆放在合适的位置。

日式创意盘发

材料与工具

A. 三角形发包　　I. 橡皮筋
B. 椭圆形发包　　J. 发网
C. 圆弧形发包　　K. 鸭嘴夹
D. 椭圆形发包　　L. 尖尾梳（细）
E. 椭圆形发包　　M. 尖尾梳（粗）
F. 椭圆形发包　　N. 亮油
G. 饰品　　　　　O. 定型液
H. 发夹　　　　　P. 纹路泡沫（慕斯）

分区图

前　　　　　　后　　　　　　左　　　　　　右

步骤说明

将后头部三角发片往顶部区域集中。

用尖尾梳梳顺发片、发根、发中、发尾。

将两根橡皮筋回流拉紧，并穿过发夹固定发束。

逆时针绕三圈，穿过橡皮筋后，再顺时针绕三圈，将发夹藏在固定的发束下。

取三角形发包A，固定在后头部底盘。

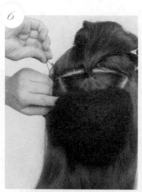

用发夹固定三角形发包每个边缘。

将后头部边缘所有发片往上拉。

距离30厘米处，往前喷上亮油。

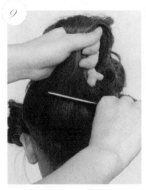

9

用尖尾梳往上梳顺发片。

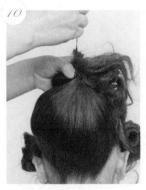

10

将两根橡皮筋回流拉紧，并穿过发夹固定发束。

11

逆时针绕三圈，穿过橡皮筋后，再顺时针绕三圈，将发夹藏在固定的发束下。

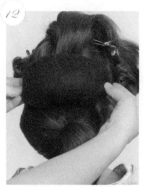

12

取椭圆形发包 B，置于发中底盘。

13

用发夹固定椭圆形发包的每个边缘。

14

将中间发束往上拉。

15

将发片平均往两边摊开，再往后梳顺。

16

用鸭嘴夹暂时固定两边。

17

用尖尾梳尾端抵住发片，以单股扭转方向往下集中。

18

用发夹固定单股扭转的尾端。

19

距离 30 厘米处，往前喷上亮油。

20

往上梳顺发片。

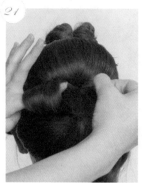

将发片梳成空心卷，并用发夹固定。

将发尾绕成空心卷，向内收完后，用发夹固定。

将发片分成两束。

将发片拉宽，往内卷成空心卷。

用发夹固定内层。

将发尾绕成空心卷收尾。

将右侧发片梳成空心卷，内层用发夹固定。

拉高空心卷，将发尾梳成C形线条收尾，并用发夹固定。

往上拉高顶部发束。

往上集中发片。

将两根橡皮筋回流拉紧，并穿过发夹固定发束。

逆时针绕三圈，穿过橡皮筋后，再顺时针绕三圈，将发夹藏在固定的发束下。

往上拉高额头发片。

将发片往前集中。

将两根橡皮筋回流拉紧，并穿过发夹固定发束。

逆时针绕三圈，穿过橡皮筋后，再顺时针绕三圈，将发夹藏在固定的发束下。

取圆弧形发包 C，置于额头上方，并用发夹固定每个边缘。

将发片往两边平均摊开。

喷上亮油再往后梳顺，并用发夹固定。

距离 30 厘米处，往前喷上定型液，动作前先将模特儿的脸遮住。

将右边发束往前拉。

取椭圆形发包 D，置于左侧，并用发夹固定每个边缘。

将发片往后拉，并喷上亮油。

将发片往后平行梳顺。

用尖尾梳尾端抵住预备扭转的发片。

以单股扭转方向往上集中，并用发夹固定单股扭转的尾端。

将右边发束往前拉。

往前梳顺发片。

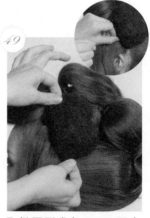

取椭圆形发包 E，置于右侧，并用发夹固定每个边缘。

将发片往后平行梳顺，并喷上定型液。

用尖尾梳尾端抵住预备扭转的发片。

以单股扭转方向往上集中，并用发夹固定单股扭转的尾端。

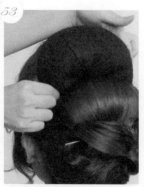

取椭圆弧形发包 F，置于额头发包后方。

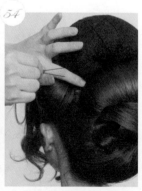

用发夹固定每个边缘。

55 将所有发片往上拉。

56 发片平均往两边摊开。

57 距离30厘米处，往前喷上亮油，并往后平均梳顺发片。

58 暂时用鸭嘴夹固定后头部的发型。

59 将发片往上梳顺，绕成空心卷，并用发夹固定。

60 发尾继续绕成空心卷，并用发夹固定。

61 距离30厘米处，往前喷上定型液。

62 将发饰摆放在正上方。

63 脸颊右方摆放垂坠式樱花饰品。

64 左边发髻摆放同组樱花饰品。

简易和风发髻

✿ 材料与工具

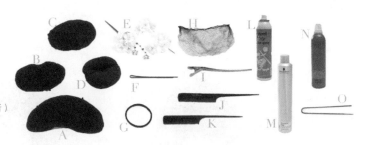

A. 长条圆弧形发包
B. 椭圆形发包
C. 椭圆形发包
D. 甜甜圆形发包
E. 饰品
F. 发夹
G. 橡皮筋
H. 发网

I. 鸭嘴夹
J. 尖尾梳（细）
K. 尖尾梳（粗）
L. 亮油
M. 定型液
N. 纹路泡沫（慕斯）
O. 中型U形夹

✿ 分区图

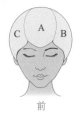
前

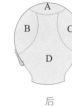
后

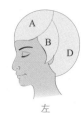
左

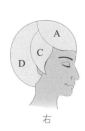
右

✿ 步骤说明

1

先将头顶发丝分成马蹄形，并梳顺发片发流。

2

将发夹套住橡皮筋，并拉住橡皮筋，以逆时针方向绕三圈，穿过橡皮筋后，再以顺时针的方向绕发束。

3

固定好发束后，将发夹藏在发束里。

4

将固定好的发片往前拉。

5

取长条圆弧形发包A。

6

用发夹固定长条圆弧形发包的每个边。

7

将发片往中间集中。

8

平均分散每个发片。

以放射状方向梳顺正面每个面向的发片。

用鸭嘴夹固定每一个发片。

距离 30 厘米处，往前喷上亮油梳顺。

用食指及中指夹好发片。

两股扭转收尾，并用发夹固定尾端。

梳顺右耳侧边的发片。

将发夹套住橡皮筋，并拉住橡皮筋，以逆时针方向绕三圈，穿过橡皮筋后，再以顺时针的方向绕发束。

固定好发束后，将发夹藏在发束里。

取椭圆形发包B。

用发夹固定椭圆形发包的每个边。

将发片往前拉，并往中间集中。

20

以放射状方向梳顺正面每个面向的发片。

21

右手控制尖尾梳尾端，左手往内单股扭转，并用发夹固定扭转部分。

22

将发尾梳成上宽下窄的C形线条。

23

用发夹固定线条，并喷上定型液固定。

24

梳顺左耳侧边的发片，以发夹加橡皮筋固定，取椭圆形发包C。

25

以放射状方向梳顺正面每个面向的发片。

26

用尖尾梳尾端抵住往下扭转的发片，并用发夹固定。

27

将发片往上卷成一个空心卷，并用发夹回向式夹法固定。

28

将发尾拉成C形线条，用发夹固定，并喷上定型液定型。

29

梳顺后头部头发。

30

将发夹套住橡皮筋，并拉住橡皮筋，以逆时针方向绕三圈，穿过橡皮筋后，再以顺时针的方向绕发束。

31

固定好发束后，将发夹藏在发束里。

放置甜甜圈形发包 D，将发束由发包中心拉出。

用发夹牢牢固定每个边，不可左右摇晃。

将发束平均分成上、下两半。

再将上半部的发片分成左、右两半。

将左上半部的发片覆盖在发包的 1/4 处，并梳顺发流。

用发夹固定。

将右上半部的发片覆盖在发包的 1/4 处，并梳顺发流，与左上半部结合。

用发夹固定。

将下半部的发片分成左、右两半。

将右下半部的发片覆盖在发包的 1/4 处，并梳顺发流。

用发夹固定。

将左下半部的发片覆盖在发包的 1/4 处，并梳顺发流，与右下半部结合后，用发夹固定。

将发包喷上定型液定型。

将发尾分成左、右两半。

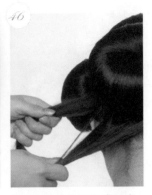

将左半边发片再分成两半。

以两股扭转的技巧将发片往上扭。

以顺时针方向收尾。

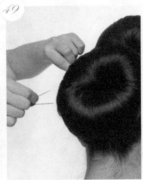

用发夹固定。

重复步骤 45～49。

将饰品摆放在合适的位置。

用发夹固定。

日式盘发

✿ 材料与工具

A. 三角形发包　　　H. 发夹
B. 长条圆弧形发包　I. 定型液
C. 饰品　　　　　　J. 中型U形夹
D. 鸭嘴夹　　　　　K. 小型U形夹
E. 尖尾梳（细）　　L. 发网
F. 尖尾梳（粗）　　M. 纹路泡沫（慕斯）
G. 亮油

✿ 分区图

前　　　　　后　　　　　左　　　　　右

✿ 步骤说明

1
用发夹固定三角形发片。

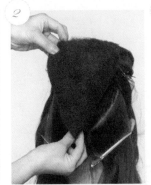
2
取三角形发包 A。

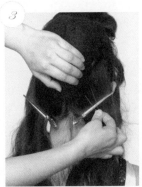
3
用发夹固定三角形发包的每个边。

4
梳顺左侧边的发片。

5
距离30厘米处，往前喷上亮油梳顺。

6
用尖尾梳尾端抵住发片。

7
单股扭转后，取出梳子。

8
用发夹固定尾端。

梳顺右边发片。

用尖尾梳抵住预备扭转的发片。

将发尾单股扭转。

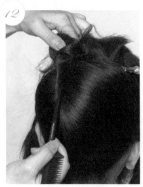

发片往同一个方向转。

用发夹固定。

将前面固定的两束扭转发束与中间头发结合。

将发夹重叠 1/3，用缝针式固定法固定成一整排。

取长条圆弧形发包 B。

用发夹牢牢固定长条圆弧形发包的每个边，不可左右摇晃。

集中中间与后头部发片。

将发片往后覆盖发包，再拉开。

平均分散每个发片。

梳顺每个正面面向的发片。

用鸭嘴夹暂时固定每一个发片。

用鸭嘴夹重叠式暂时固定整个轮廓的发片。

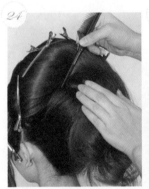

将发片完整覆盖发包，再使用尖尾梳调整轮廓线。

梳顺表面发片，确定每个发片均包住发包，再以左手掌背固定好发片，并取发夹固定。

用发夹重叠式夹法，将发夹夹成一整排。

用尖尾梳尾端挑出发片。

用定型液固定。

将挑出的发片一束一束塑型。

用尖尾梳梳顺发尾。

将发片往上抬高梳顺。

用食指与中指夹好发片。

将发片往下卷成一个空心卷，并使用发夹回向式夹法固定。

将过长的头发卷成第二个空心卷。

用发夹固定空心卷尾端。

全部发片固定完成，喷上定型液固定。

用尖尾梳梳顺右侧发片。

用尖尾梳尾端抵住预备扭转的发片。

以右手控制尖尾梳尾端，左手单股扭转。

用尖尾梳调整侧边轮廓线。

将发片扭转至后头部，并使用发夹固定。

梳顺发尾。

梳成花形收尾。

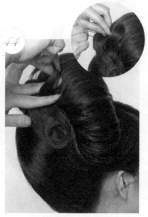

从发尾拉出 C 形线条，并用 U 形夹固定。

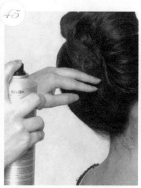

用定型液固定。

梳顺前侧刘海。

用尖尾梳尾端抵住预备扭转的发片。

将发片往后单股扭转。

用发夹固定尾端。

拉松发尾发片。

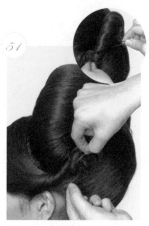

将发片扭转成圆弧形收尾，并用发夹固定。

将饰品摆放在合适的位置。

调整花朵弧度。

三髻盘发

❀ 材料与工具

A. 圆弧形发包　　H. 鸭嘴夹
B. 圆弧形发包　　I. 尖尾梳（细）
C. 假发　　　　　J. 尖尾梳（粗）
D. 饰品　　　　　K. 亮油
E. 发夹　　　　　L. 定型液
F. 橡皮筋　　　　M. 纹路泡沫（慕斯）
G. 发网

❀ 分区图

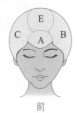 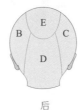 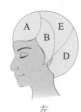 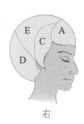

前　　　　　　后　　　　　　左　　　　　　右

❀ 步骤说明

1　梳顺发片发流。

2　将发夹套住橡皮筋，并拉住橡皮筋，以逆时针方向绕三圈，穿过橡皮筋后，再以顺时针的方向绕发束。

3　固定好发束后，将发夹藏在发束里。

4　将固定好的发片往前拉。

5　取圆弧形发包。

6　用发夹固定圆弧形发包的每个边。

7　将发片往中间集中。

8　平均分散每个发片。

115

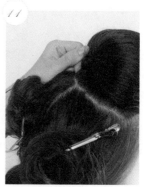

以放射状方向梳顺正面每个面向的发片，并用鸭嘴夹暂时固定每一个发片。

距离30厘米处，往前喷上亮油梳顺。

将发尾单股扭转，发片往同一个方向转。

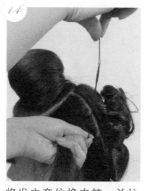

用发夹固定。

梳顺发片发流。

将发夹套住橡皮筋，并拉住橡皮筋，以逆时针方向绕三圈，穿过橡皮筋后，再以顺时针的方向绕发束。

固定好发束后，将发夹藏在发束里。

取圆弧形发包。

用发夹固定圆弧形发包的每个边。

将发片往中间集中。

平均分散每个发片。

以放射状方向梳顺正面每个面向的发片。

用鸭嘴夹暂时固定每一个发片。

距离30厘米处，往前喷上亮油梳顺。

左手控制尖尾梳尾端抵住发片，取发夹用缝针法固定。

梳顺发片发流。

将发夹套住橡皮筋，并拉住橡皮筋，以逆时针方向绕三圈，穿过橡皮筋后，再以顺时针的方向绕发束。

固定好发束后，将发夹藏在发束里。

取圆弧形发包。

用发夹固定圆弧形发包的每个边。

将发片往中间集中。

平均分散每个发片。

以放射状方向梳顺正面每个面向的发片。

用鸭嘴夹暂时固定每一个发片。

喷上定型液固定。

取发夹用缝针法固定发片。

梳顺发片发流。

将发夹套住橡皮筋，并拉住橡皮筋，以逆时针方向绕三圈，穿过橡皮筋后，再以顺时针的方向绕发束。

固定好发束后，将发夹藏在发束里。

取圆弧形发包。

用发夹固定圆弧形发包的每个边。

将发片往中间集中。

用鸭嘴夹暂时固定每一个发片。

以放射状方向梳顺正面每个面向的发片。

距离 30 厘米处，往前喷上亮油梳顺。

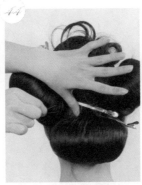

取发夹用缝针法固定发片。

将预留的发片及发尾，用电棒上卷。

取有卷度的假发与真发交叠撑蓬发型。

用发夹固定，并将过长的真、假发往中心收尾。

将饰品摆放在合适的位置。

用发夹固定。

将饰品摆放在合适的位置。

用发夹固定。

将饰品摆放在合适的位置。

用发夹固定。

典雅发髻

❀ 材料与工具

A. 椭圆形发包　　H. 尖尾梳（细）
B. 椭圆形发包　　I. 尖尾梳（粗）
C. 饰品　　　　　J. 亮油
D. 发夹　　　　　K. 定型液
E. 橡皮筋　　　　L. 纹路泡沫（慕斯）
F. 发网　　　　　M. U形夹
G. 鸭嘴夹

❀ 分区图

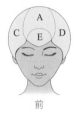
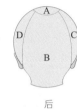
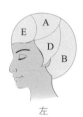
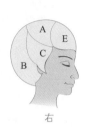

前　　　　　　后　　　　　　左　　　　　　右

❀ 步骤说明

梳顺发片发流。

将发夹套住橡皮筋，并拉住橡皮筋，以逆时针方向绕三圈，穿过橡皮筋后，再以顺时针的方向绕发束。

固定好发束后，将发夹藏在发束里。

将固定好的发片往前拉。

取椭圆形发包 A。

用发夹固定每个边。

将发片往中间集中。

平均分散每个发片。

以放射状方向梳顺正面每个面向的发片。

用鸭嘴夹暂时固定每一个发片。

距离 30 厘米处，往前喷上亮油梳顺。

用食指与中指夹好发片。

两股扭转收尾，并用发夹固定尾端。

梳顺发片发流。

将发夹套住橡皮筋，并拉住橡皮筋，以逆时针方向绕三圈，穿过橡皮筋后，再以顺时针的方向绕发束。

固定好发束后，将发夹藏在发束里。

将固定好的发片往左拉。

取椭圆形发包 B。

用发夹固定椭圆形发包的每个边。

将发片往中间集中。

平均分散每个发片。

以放射状方向梳顺正面每个面向的发片。

距离 30 厘米处，往前喷上亮油梳顺。

用鸭嘴夹暂时固定每一个发片。

距离 30 厘米喷上定型液定型。

用食指与中指夹好发片。

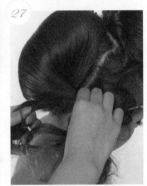

两股扭转。

将发片朝同一个方向转，并用发夹固定。

右手控制尖尾梳尾端，左手往内卷成一个空心卷。

用发夹回向式夹法固定。

用小 U 形夹固定空心卷。

直立尖尾梳，挑出宽约1厘米的预留发片。

将倒梳的头发往下压，形成根部扎实的蓬松感。

将发际线预留的发片往后覆盖倒梳发，并梳顺发流。

喷上定型液。

右手抵住尖尾梳尾端，左手往内扭转。

用发夹固定。

右手抵住尖尾梳尾端，左手往内卷成一个空心卷，并用发夹回向式夹法固定。

右手抵住尖尾梳尾端，左手往内卷成一个空心卷，并用发夹固定。

挑出宽约1厘米的预留发片。

将倒梳的头发往下压，形成根部扎实的蓬松感。

将发际线预留的发片往后覆盖倒梳发，并梳顺发流。

喷上定型液。

往内扭转发片，并用发夹固定。

右手抵住尖尾梳尾端，左手往内卷成一个空心卷，并用发夹固定。

梳顺刘海发流。

距离30厘米处，往前喷上亮油梳顺。

右手控制尖尾梳尾端，左手往上扭转。

用发夹固定。

右手抵住尖尾梳尾端，左手往内卷成一个空心卷，用发夹固定。

将饰品摆放在合适的位置。

将饰品摆放在右侧的位置。

将饰品摆放在左后侧的位置。

不对称创意盘发

❀ 材料与工具

A. 椭圆形发包
B. 椭圆形发包
C. 椭圆形发包
D. 椭圆形发包
E. 饰品
F. 饰品
G. 饰品
H. 发夹
I. 橡皮筋
J. 发网
K. 鸭嘴夹
L. 尖尾梳（细）
M. 尖尾梳（粗）
N. 定型液
O. 纹路泡沫（慕斯）

❀ 分区图

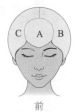
前

后

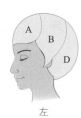
左

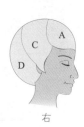
右

❀ 步骤说明

梳顺发片发流。

将发夹套住橡皮筋，并拉住橡皮筋，以逆时针方向绕三圈，穿过橡皮筋后，再以顺时针方向绕发束。

固定好发束后，将发夹藏在发束里。

将固定好的发片往前拉。

取椭圆形发包A。

用发夹固定椭圆形发包的每个边。

将发片往中间集中。

平均分散每个发片。

以放射状方向梳顺正面每个面向的发片。

距离 30 厘米处，往前喷上亮油梳顺。

用鸭嘴夹暂时固定每一个发片，并喷上定型液固定。

将发尾单股扭转，发片往同一个方向转，并用发夹固定发尾。

梳顺发片发流。

将发夹套住橡皮筋，并拉住橡皮筋，以逆时针方向绕三圈，穿过橡皮筋后，再以顺时针方向绕发束。

固定好发束后，将发夹藏在发束里。

将固定好的发片往前拉。

取椭圆形发包 B。

用发夹固定椭圆形发包的每个边。

将发片往中间集中。

平均分散每个发片。

以放射状方向梳顺正面每个面向的发片。

距离30厘米处，往前喷上亮油梳顺。

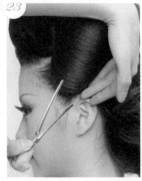
用鸭嘴夹暂时固定每一个发片。

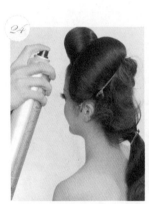
喷上定型液固定。

将发尾单股扭转，发片往同一个方向转，并用发夹固定发尾。

梳顺发片发流。

将发夹套住橡皮筋，并拉住橡皮筋，以逆时针方向绕三圈，穿过橡皮筋后，再以顺时针方向绕发束。

固定好发束后，将发夹藏在发束里。

将固定好的发片往前拉。

取椭圆形发包C，并用发夹固定每个边。

将发片往中间集中。

32 平均分散每个发片。

33 以放射状方向梳顺正面每个面向的发片。

34 距离30厘米处，往前喷上亮油梳顺。

35 用鸭嘴夹暂时固定每一个发片，并喷上定型液固定。

36 用食指与中指夹好发片。

37 两股扭转收尾，并用发夹固定尾端。

38 用尖尾梳从耳上挑出一片宽0.5厘米、高2厘米的发片。

39 将发片往前、往上单股扭转。

40 将发片扭转至耳上，并用发夹固定。

41 将发片往上卷成一个空心卷。

42 用发夹回向式夹法固定。

43 平均拉开空心卷。

44 将发尾往下拉出C形线条，并用鸭嘴夹暂时固定，再喷上定型液固定。

45 梳顺发片发流。

46 将发夹套住橡皮筋，并拉住橡皮筋，以逆时针方向绕三圈，穿过橡皮筋后，再以顺时针方向绕发束。

47 固定好发束后，将发夹藏在发束里。

48 取椭圆形发包D，并用发夹固定每个边。

49 将发片往中间集中。

50 平均分散每个发片。

51 以放射状方向梳顺正面每个面向的发片，并用鸭嘴夹暂时固定。

52 距离30厘米处，往前喷上亮油梳顺。

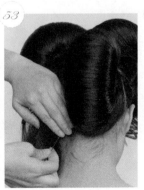

53 用发夹以缝针法固定发片。

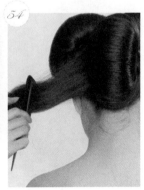

54 梳顺发片发流。

将发片平均分成上下两半。　　用食指与中指夹好发片，　　平均拉开空心卷。
　　　　　　　　　　　　　　再往内卷成一个空心卷。

用食指与中指夹好发片，　　平均拉开空心卷，并用发　　将饰品摆放在合适的位置。　　用发夹固定。
往内卷成一个空心卷。　　　夹回向式夹法固定。

将饰品摆放在合适的位置。　　用发夹固定。　　　　　　将饰品摆放在合适的位置。

少女发髻

材料与工具

A. 前窄后宽小弧形发包　　H. 鸭嘴夹
B. 前窄后宽中弧形发包　　I. 尖尾梳（细）
C. 前窄后宽大弧形发包　　J. 刮刷
D. 饰品　　　　　　　　　K. 亮油
E. 发夹　　　　　　　　　L. 定型液
F. 橡皮筋　　　　　　　　M. 纹路泡沫（慕斯）
G. 发网

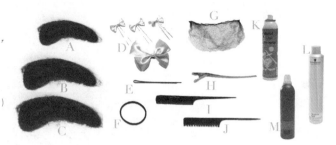

分区图

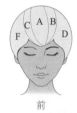 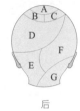 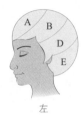 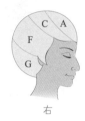

前　　　　　　　后　　　　　　　左　　　　　　　右

步骤说明

梳顺发片发流。

将发夹套住橡皮筋，并拉住橡皮筋，以逆时针方向绕三圈，穿过橡皮筋后，再以顺时针方向绕发束。

固定好发束后，将发夹藏在发束里。

将固定好的发片往上拉。

取前窄后宽小弧形发包 A。

用发夹固定弧形发包每个边。

将发片往中间集中。

平均分散每个发片。

以放射状方向梳顺正面每个面向的发片。

距30厘米处，往前喷上亮油。

将发尾单股扭转。

发片往同一个方向转。

用发夹固定发尾。

距离30厘米处，往前喷上定型液。

用尖尾梳挑出宽0.5厘米的发片。

从顶部的发根处开始倒梳。

将刮刷以抬高90°的平均力道由上往下压，手肘呈现自然律动的节奏感，并从发根慢慢倒梳至发尾。

用发夹固定、结合刮发底部与发包底座。

喷上定型液调整倒梳完的发片轮廓线。

梳顺发片发流。

㉑ 将发夹套住橡皮筋，并拉住橡皮筋，以逆时针方向绕三圈，穿过橡皮筋后，再以顺时针方向绕发束。

㉒ 固定好发束后，将发夹藏在发束里。

㉓ 将固定好的发片往上拉。

㉔ 取前窄后宽中弧形发包 B。

㉕ 用发夹固定弧形发包每个边。

㉖ 平均分散每个发片。

㉗ 以放射状方向梳顺正面每个面向的发片。

㉘ 距30厘米处，往前喷上亮油。

㉙ 距离30厘米处，往前喷上定型液。

㉚ 将发尾两股扭转。

㉛ 发片往同一个方向转。

㉜ 用发夹固定发尾。

用尖尾梳挑出宽 0.5 厘米
的发片。

从顶部的发根处开始倒梳。

将刮刷以抬高 90°的平均
力道由上往下压，手肘呈
现自然律动的节奏感，并
从发根慢慢倒梳至发尾。

用发夹固定、结合刮发底
部与发包底座。

喷上定型液调整倒梳完的
发片轮廓线。

梳顺发片发流。

将发夹套住橡皮筋，并拉
住橡皮筋，以逆时针方向
绕三圈，穿过橡皮筋后，
再以顺时针方向绕发束。

固定好发束后，将发夹藏
在发束里。

将固定好的发片往上拉。

用前窄后宽大弧形发包 C。

用发夹固定弧形发包的每
个边。

平均分散每个发片。

以放射状方向梳顺正面每个面向的发片。

距离 30 厘米处，往前喷上亮油。

将发夹 1/3 重叠，用缝针式固定法固定成一整排。

将倒梳的头发往下压，形成根部扎实的蓬松感。

用发夹固定、结合刮发底部与发包底座。

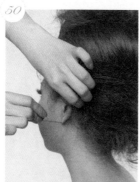

用发夹牢牢固定。

将刮好的头发覆盖发包底座，用发夹固定。

将饰品摆放在合适的位置。

将饰品摆放在合适的位置。

将饰品摆放在合适的位置。

将饰品摆放在合适的位置。

将饰品摆放在合适的位置。

圆帽发髻

✿ 材料与工具

A. 三角形发包
B. 长条形发包
C. 椭圆形发包
D. 饰品
E. 饰品
F. 饰品
G. 发夹
H. 橡皮筋
I. 发网
J. 鸭嘴夹
K. 尖尾梳（细）
L. 尖尾梳（粗）
M. 亮油
N. 定型液
O. 纹路泡沫（慕斯）
P. 大型 U 形夹
Q. 中型 U 形夹

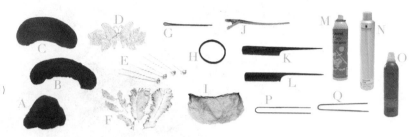

✿ 分区图

前

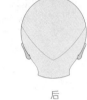
后

左

右

✿ 步骤说明

1

先拉起后头部发片。

2

梳顺发根、发中、发尾。

3

将两根橡皮筋回流拉紧，并穿过发夹固定发束。

4

逆时针绕三圈，穿过发夹后，再顺时针绕三圈，将橡皮筋藏在固定的发束下。

5

取三角形发包 A，放置于后头部底盘。

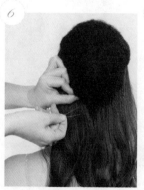

6

用发夹固定每个边缘。

7

拉起左侧区发片。

8

距离 30 厘米处，往前喷上亮油。

用尖尾梳将发片平均摊开梳顺，并完全覆盖左半区的发包。

用尖尾梳尾端抵住预备扭转的发片。

单股扭转往上卷。

用发夹固定单股扭转。

将右半边的发片抬起。

距 30 厘米处，往前喷上亮油。

用尖尾梳将发片平均摊开梳顺，并完全覆盖右半区的发包。

用尖尾梳尾端抵住预备扭转的发片。

以单股扭转方向往上集中。

用发夹固定单股扭转的尾端，喷上定型液固定。

取长条形发包 B，放置于顶部区。

用发夹同时固定左边的发包与底盘。

用发夹同时固定右边的发包与底盘，以及每个边缘。

取椭圆形发包C，放置于前方。

用发夹同时固定左边的发包与底盘。

用发夹同时固定右边的发包与底盘，以及每个边缘。

将发片往两边拉开。

暂时固定左边含刘海的地方后，往上拉起右边发片。

往上梳顺发片，同时完全覆盖住发包。

距30厘米处，往前喷上亮油。

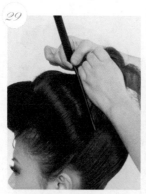

用尖尾梳尾端抵住预备扭转的发片。

以单股扭转方向往上集中，并用发夹固定单股扭转的尾端。

距离30厘米处，往前喷上定型液固定。

往上抬起左边发片。

往上梳顺发片。

距离30厘米处，往前喷上亮油。

将发片集中于发包后方，用尖尾梳尾端抵住预备扭转的发片。

以单股扭转方向往上集中，并用发夹固定单股扭转的尾端。

距离30厘米处，往前喷上定型液。

将发片塑型，并用U形夹固定。

将饰品放置于两个发包的交会处。

用发夹固定饰品。

将羽毛放置于顶部。

用发夹固定根部。

三型发髻

材料与工具

A. 椭圆形发包（前）   H. 鸭嘴夹
B. 椭圆形发包（左后） I. 尖尾梳（细）
C. 椭圆形发包（右后） J. 尖尾梳（粗）
D. 饰品   K. 亮油
E. 发夹   L. 定型液
F. 橡皮筋   M. 纹路泡沫（慕斯）
G. 发网

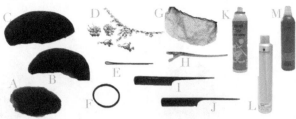

分区图

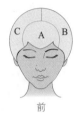
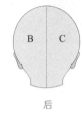
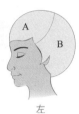
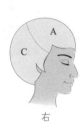

前　　　　　　后　　　　　　左　　　　　　右

步骤说明

梳顺发片。

将发夹套住橡皮筋，并拉住橡皮筋，以逆时针方向绕三圈，穿过橡皮筋后，再以顺时针方向绕发束。

固定好发束后，将发夹藏在发束里。

将固定好的发片往左拉。

取椭圆形发包A，并用发夹固定每个边。

将发片往中间集中。

平均分散每个发片。

用鸭嘴夹暂时固定每一片发片。

距离 30 厘米处，往前喷上
亮油梳顺。

发尾扭转收尾，并用发夹
固定尾端。

梳顺左耳侧边的发片。

将发夹套住橡皮筋，并拉
住橡皮筋，以逆时针方向
绕三圈，穿过橡皮筋后，
再以顺时针方向绕发束。

固定好发束后，将发夹藏
在发束里。

取椭圆形发包 B。

用发夹固定椭圆形发包的
每个边。

将发片往前拉，往中间集中。

以放射状方向梳顺正面每
个面向的发片。

用鸭嘴夹固定每一片发片。

距离 30 厘米处，往前喷上
亮油梳顺。

右手控制尖尾梳尾端，抵住发片。

换左手按压发片，取发夹以缝针法固定发片。

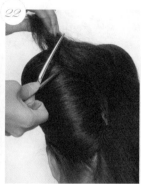

用鸭嘴夹暂时固定发尾。

梳顺右耳侧边的发片。

将发夹套住橡皮筋，并拉住橡皮筋，以逆时针方向绕三圈，穿过橡皮筋后，再以顺时针方向绕发束。

固定好发束后，将发夹藏在发束里。

取椭圆形发包C，用发夹固定发包的每个边。

将发片往前拉，往中间集中。

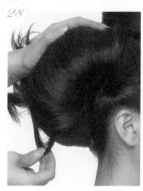

将正面每个面向的发片以放射状方向梳顺。

用鸭嘴夹暂时固定每一片发片。

距离30厘米处，往前喷上亮油梳顺。

取发夹，用缝针法固定发片。

将原先用鸭嘴夹固定的发片发流梳顺。

距离30厘米处，往前喷上亮油梳顺。

发片往下卷成一个空心卷，并用发夹回向式夹法固定。

将发片发流梳顺。

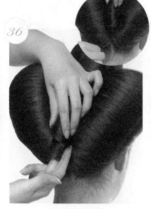

发片往下卷成一个空心卷，并用发夹回向式夹法固定。

将固定好的发片两头拉开。

将饰品摆放在合适的位置。

将饰品摆放在合适的位置。

将饰品摆放在合适的位置。

典雅风华盘发

❀ 材料与工具

A. 椭圆形发包
B. 圆弧形发包
C. 椭圆形发包
D. 饰品
E. 饰品
F. 饰品
G. 发夹
H. 橡皮筋
I. 发网

J. 鸭嘴夹
K. 尖尾梳（细）
L. 亮油
M. 定型液
N. 纹路泡沫（慕斯）
O. 大型 U 形夹
P. 中型 U 形夹
Q. 小型 U 形夹
R. 小 P 夹

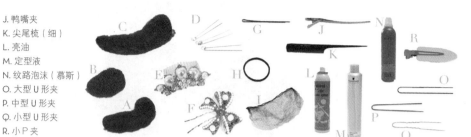

❀ 分区图

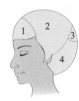
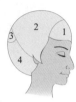

前　　　　　　后　　　　　　左　　　　　　右

❀ 步骤说明

前方分区示意图。

右方分区示意图。

后方分区示意图。

左方分区示意图。

将第 2 区喷上亮油。

用尖尾梳梳顺第 2 区。

将第 2 区上橡皮筋。

拉紧第 2 区的橡皮筋。

150

将第2区的橡皮筋收尾。

将第2区的发际边缘细毛喷上亮油收好。

将第2区的发际边缘细毛喷上定型液固定。

将第3区喷上亮油。

用尖尾梳梳顺第3区。

用尖尾梳尾端抵住第3区预备扭转的发片。

用发夹固定第3区扭转后的发片。

用尖尾梳梳顺第4区。

将第4区喷上亮油。

将第4区上橡皮筋。

将第4区的橡皮筋收尾。

喷定型液固定第4区。

将第 2 区分成 2/3 与 1/3 束。

将圆弧形发包 B 置于适当位置。

用发夹固定圆弧形发包。

将第 2 区的 1/3 束发束覆盖在圆弧形发包上，并以尖尾梳梳顺。

再将圆弧形发包上的头发梳顺，并喷上亮油。

将覆盖在圆弧形发包上的头发扭转、收尾。

将覆盖在圆弧形发包上的头发收尾处夹上发夹。

喷定型液固定覆盖在圆弧形发包上的头发。

用尖尾梳梳顺剩余发尾。

将剩余发尾喷上亮油。

将剩余发尾收在发包旁边。

32 用发夹固定剩余发尾。

33 将第一个椭圆形发包 A 置于适当位置。

34 用发夹固定第一个椭圆形发包后侧。

35 用发夹固定第一个椭圆形发包前端。

36 将第 2 区的 2/3 发束覆盖在第一个椭圆形发包上。

37 用尖尾梳梳顺覆盖在第一个椭圆形发包上的头发。

38 将覆盖在第一个椭圆形发包上的头发喷上亮油。

39 将覆盖在第一个椭圆形发包上的头发平均摊开。

40 再次梳顺覆盖在第一个椭圆形发包上的头发。

41 再次将覆盖在第一个椭圆形发包上的头发喷上亮油。

42 梳顺覆盖在第一个椭圆形发包上的头发发尾。

43 将覆盖在第一个椭圆形发包上的头发发尾喷上亮油。

将覆盖在第一个椭圆形发包上的头发发尾扭转收尾。

用发夹固定覆盖在第一个椭圆形发包上的头发发尾。

将第二个椭圆形发包 C 置于适当位置。

用发夹固定第二个椭圆形发包前端。

用发夹固定第二个椭圆形发包后侧。

将第 4 区分成 2/3 与 1/3 束。

将第 4 区的 2/3 发束覆盖在第二个椭圆形发包上。

用尖尾梳梳顺覆盖在第二个椭圆形发包上的头发。

将覆盖在第二个椭圆形发包上的头发平均摊开。

再次梳顺覆盖在第二个椭圆形发包上的头发。

再次将覆盖在第二个椭圆形发包上的头发喷上亮油。

再次梳顺覆盖在第二个椭圆形发包上的头发。

将覆盖在第二个椭圆形发包上的头发发尾扭转收尾。

喷定型液固定覆盖在第二个椭圆形发包上的头发。

用发夹固定覆盖在第二个椭圆形发包上的头发发尾。

用尖尾梳梳顺第3区。

将第3区喷上亮油。

将第3区前段发束梳成C形。

用大U形夹固定第3区前段的C形线条。

将第3区后段发束梳成C形，并喷上亮油。

前段的C形线条接上后段的C形线条，形成一S形。

用大U形夹固定S形线条。

喷定型液固定S形线条。

67 梳顺第4区的1/3发束。

68 将第4区1/3发束喷上亮油。

69 将第4区的1/3发束前段扭转成C形。

70 用小P夹固定第4区的C形线条。

71 将第4区的C形线条扭转成第一个圆形发髻。

72 用大U形夹固定第4区的第一个圆形发髻。

73 将第4区的第一个圆形发髻喷上亮油。

74 梳顺第4区的第一个圆形发髻发尾。

75 重复步骤67~72，将第4区1/3发束后段的第二圆髻收尾。

76 用大U形夹固定第4区的第二个圆形发髻。

77 喷定型液固定第4区的两个圆形发髻。

78 将覆盖在第二个椭圆形发包上的头发发尾喷上亮油。

梳顺覆盖在第二个椭圆形发包上的头发发尾，再分成上下两束。

将上半发尾梳成 C 形。

用小 P 夹和 U 形夹固定上半发尾的 C 形。

梳顺下半发尾。

将下半发尾平均分成上下两束。

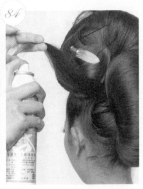

将步骤 83 的上半发尾喷上亮油。

将步骤 83 的上半发尾梳成一个 C 形。

以大 U 形夹固定步骤 85 的 C 形。

喷定型液固定步骤85的C形。

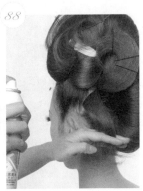

将步骤 83 的下半发尾喷上亮油。

梳顺步骤 83 的下半发尾。

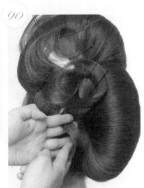

将步骤 83 的下半发尾扭转半下。

用大 U 形夹固定步骤 90 的发尾。

用大 U 形夹再次固定步骤 91 的发型与发尾。

喷定型液固定步骤 92 的发型。

梳顺第 1 区的发束。

将第 1 区的发束喷上亮油。

梳顺第 1 区的刘海。

将第 1 区的刘海夹上小 P 夹。

戴上适合的饰品。

戴上适合的饰品。

戴上适合的饰品。

戴上适合的饰品。

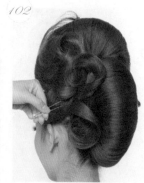

戴上适合的饰品。

圆弧形发髻

材料与工具

A. 长条圆弧形发包　　H. 尖尾梳（粗）
B. 饰品　　　　　　　I. 刮刷
C. 饰品　　　　　　　J. 亮油
D. 发夹　　　　　　　K. 定型液
E. 发网　　　　　　　L. 纹路泡沫（慕斯）
F. 鸭嘴夹　　　　　　M. 大型U形夹
G. 尖尾梳（细）　　　N. 中型U形夹

分区图

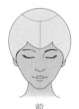　　　

前　　　　　　后　　　　　　左　　　　　　右

步骤说明

首先放下左边发束。

将发夹重叠1/3，使用缝针式固定法固定成一整排。

取长条圆弧形发包A，置于左半边圆弧外围轮廓的边缘线。

用发夹固定好左边尾端的发包。

用发夹固定左边顶端的发包，再将四个边夹上发夹。

放下右边的发片，再将发夹重叠1/3，使用缝针式固定法固定成一整排。

将另一长条形发包置于右半边圆弧外围轮廓的边缘线，并注意两边的弧度要对称。

用发夹固定好右边尾端的发包。

用发夹固定右边顶端的发包，再将四个边夹上发夹。

从左边顶部开始将发片往上梳，包覆发包后，先用鸭嘴夹暂时固定。

使用尖尾梳再将每个发片往上梳整一次，确定看不见接缝。

将鸭嘴夹取下，改用发夹固定。

距离左边发型30厘米处，往前喷上亮油。

喷上亮油后，再梳整一次左边发型的表面。

距离左边发型30厘米处，往前喷上定型液。

从右边顶部开始将发片往上梳，包覆发包后，先用鸭嘴夹暂时固定。

使用尖尾梳再将每个发片往上梳整一次，确定看不见接缝。

用发夹固定发包的内侧。

将每一个发片依序往上梳顺，并完全覆盖发包，最后用发夹固定发包的内侧。

距离右边发型30厘米处，往前喷上亮油后，再将表面梳整一次。

距离右边发型 30 厘米处，往前喷上定型液。

将顶部区的所有发片放下来。

从顶部的发根处开始倒梳，将刮刷抬高 90°，以平均力道由上往下压，从发根慢慢倒梳至发尾，手肘呈现自然律动的节奏感。

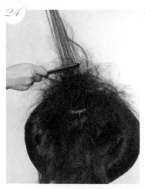

将倒梳的头发往下压，形成根部扎实、上部轻盈的蓬松感。

平均倒梳每一束发片。

倒梳完全部发片后，以双手抓揉的方式，让发型更紧密。

以绕缠的方式使用 U 形夹，将边缘收得更干净。

最后喷上定型液，调整整个倒梳完的发片轮廓线。

全部审视一次，注意整个发型轮廓线是否有需要调整的地方。

佩戴与服装搭配的发饰。

最后确认发夹固定发片与发基的交界点，并注意隐藏。

新古典创意盘发

✿ 材料与工具

A. 椭圆形发包
B. 饰品
C. 饰品
D. 饰品
E. 发夹
F. 橡皮筋
G. 发网

H. 鸭嘴夹
I. 尖尾梳（细）
J. 亮油
K. 定型液
L. 纹路泡沫（慕斯）
M. 中型U形夹
N. 发蜡

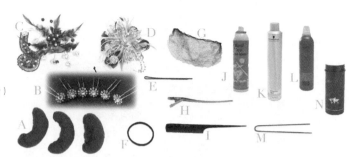

✿ 分区图

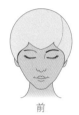   

前　　　　　后　　　　　左　　　　　右

✿ 步骤说明

1

先将顶部区根部涂上发蜡定型。

2

将发根至发尾梳顺。

3

将两根橡皮筋拉紧，并穿过发夹固定发束。

4

逆时针绕三圈，将发夹穿过橡皮筋后，再顺时针绕三圈，将发夹藏在固定的发束下。

5

将左区发束根部涂上发蜡。

6

将发根至发尾梳顺。

7

将两根橡皮筋拉紧，并穿过发夹固定发束。

8

逆时针绕三圈，将发夹穿过橡皮筋后，再顺时针绕三圈，将发夹藏在固定的发束下。

从发根至发尾梳顺右边发束。

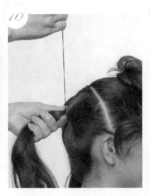

将两根橡皮筋拉紧，并穿过发夹固定发束。

逆时针绕三圈，将发夹穿过橡皮筋后，再顺时针绕三圈，将发夹藏在固定的发束下。

将椭圆形发包摆放于左耳上方至右边发束上方，用发夹固定右边发包。

拉起左上方的发束。

将发片平均往两边拉开。

用尖尾梳梳顺发片，并完全覆盖发包。

用鸭嘴夹暂时固定发包背面。

距离30厘米处，往前喷上亮油。

将发尾发片梳成空心卷。

将空心卷发片往两边拉开，并各取一根发夹来回固定左右。

往上梳顺发片，绕成空心卷，并各取一根发夹来回固定左右。

21

22

23

24

用发夹固定边缘线发片。

将发包置于右高左低的位置，并用发夹牢牢固定发包边缘线。

往上拉起后面的发束。

将发片平均往两边散开。

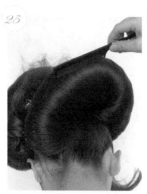
25

26

27

28

以放射状方式梳顺发片，并完全覆盖发包。

距离30厘米处，往前喷上亮油。

用鸭嘴夹暂时固定发片尾端，并再次梳顺发片，取下鸭嘴夹后，用发夹固定。

距离30厘米处，往前喷上定型液。

29

30

31

32

往下梳顺发尾后，卷成空心卷，并各取一根发夹来回固定左右。

将右上方的发片喷上亮油。

往下梳顺发片并往下卷，再平均往两边拉开，用发夹固定尾端内侧。

将大椭圆形发包摆放于头顶左上方，用发夹固定上方边缘的发际线。

33

拉起前方发片。

34

将发片平均往两边拉开梳顺。

35

距离30厘米处，往前喷上亮油。

36

以放射状方式梳顺发片，并完全覆盖发包。

37

用鸭嘴夹暂时固定尾端。

38

往上梳顺发尾发片。

39

向内卷成空心卷，并用发夹固定发卷内侧。

40

距离30厘米处，往前喷上定型液。

41

将饰品摆放在合适的位置。

42

将黑色饰品摆放在发包的上方。

43

将小饰物摆放在发线上。

44

用小饰品点缀放射状的根部。

图书在版编目（CIP）数据

发型师专业盘发造型图解教程 ： 发包应用技法 ： 视
频教学版 / 石美芳，余珮雅，陈俊中著. -- 北京 ：人
民邮电出版社，2017.8
ISBN 978-7-115-45559-8

Ⅰ．①发⋯ Ⅱ．①石⋯ ②余⋯ ③陈⋯ Ⅲ．①女性－
发型－设计－图解 Ⅳ．①TS974.21-64

中国版本图书馆CIP数据核字(2017)第092619号

♦ 著　　　　石美芳　余珮雅　陈俊中
　　责任编辑　李天骄
　　责任印制　周昇亮

♦ 人民邮电出版社出版发行　　北京市丰台区成寿寺路 11 号
　　邮编　100164　电子邮件　315@ptpress.com.cn
　　网址　http://www.ptpress.com.cn
　　北京捷迅佳彩印刷有限公司印刷

♦ 开本：787×1092　1/16
　　印张：10.5　　　　　　　2017 年 8 月第 1 版
　　字数：204 千字　　　　　2017 年 8 月北京第 1 次印刷
　　著作权合同登记号　图字：01-2016-5341 号

定价：79.00 元
读者服务热线：(010)81055296　印装质量热线：(010)81055316
反盗版热线：(010)81055315
广告经营许可证：京东工商广登字 20170147 号